Super M

Arbeitsheft

4

Herausgegeben von
Klaus Heinze
Ursula Manten
Gudrun Hütten

Erarbeitet von
Christiane Audick
Heidi Dietz
Bettina Egbers
Matthia Gratzki
Kerstin Hänsel
Klaus Heinze
Ursula Manten
Maike Teusen
Nicole Wolters

Illustrationen von
Martina Leykamm
Eve Jacob
Dorothee Mahnkopf

Cornelsen

Inhalt

Inhalt

(1) Schreibe in die Stellentafel und als Additionsaufgabe.

a) □□□ ≡ …
b) □□□□ ….
c) □□ ≡
d) □□□□□ .

H	Z	E
3	4	3

a) 300 + 40 + 3 =

(2) Schreibe stellengerecht untereinander und rechne schriftlich.

a) 375 + 294
602 + 187
748 + 75

b) 976 – 384
723 – 295
634 – 87

(3) Rechne in Schritten.

a) 4 · 86 =
4 · 80 =
4 · 6 =

b) 3 · 247 =

c) 8 · 123 =

d) 87 : 3 = 29
60 : 3 = 20
27 : 3 = 9

e) 375 : 5 = 75
300 : 5 = 60
70 : 5 = 14
5 : 5 = 1

f) 392 : 7 = 56
350 : 7 = 50
42 : 7 = 6

(4)

1 m = 100 cm

a) Immer ein Meter

80 cm + 20 cm
27 cm + 73 cm
56 cm + 44 cm
12 cm + 88 cm
$\frac{1}{2}$ m + 50 cm

1 kg = 1000 g

b) Immer ein Kilogramm

650 g + ____
120 g + ____
298 g + ____
823 g + ____
$\frac{1}{2}$ kg + ____

1 l = 1000 ml

c) Immer ein Liter

350 ml + ____
180 ml + ____
788 ml + ____
516 ml + ____
$\frac{1}{2}$ l + ____

Addition und Subtraktion

① In Tabellen rechnen

a)

+	30	200	70	400
60	90	260	130	460
300	330	500	370	700
80	110	280	150	480
500	530	700	570	900

b)

−	40		70	400
680				
890		390		
570				
650				

② Rechne mit deinem Rechenweg.

a) 375 + 87 =

b) 674 + 98 =

c) 894 − 76 =

d) 967 − 99 =

③

1 000	
630	
	380
110	
	870
260	
	790

④ Schriftlich addieren und subtrahieren

a) 478 + 267
377 + 86 + 209
217 + 387 + 48

b) 732 − 256
804 − 397
900 − 555

a) 478
\+

⑤ Markiere die Fehler farbig. Ordne zu, welche Fehler gemacht wurden. Rechne richtig.

a) 637 + 248 = 875 Fehler: ____

b) 295 + 377 (Übertrag 1 1) = 613 Fehler: ____

c) 814 − 386 (Übertrag 1 1) = 438 Fehler: ____

d) 748 − 35 (Übertrag 1) = 398 Fehler: ____

A falsch untereinander geschrieben

B Übertrag vergessen

C Fehler beim Addieren/Subtrahieren

a) b) c) d)

1 In Tabellen multiplizieren und dividieren

a)

·	60	80
3		
6		
9		

b)

:	7	70
210		
420		
630		

c)

·	30	60	
2			180
4			
	240		

2 Rechne geschickt im Kopf.

a) 4 · 7 · 5 = ______
7 · 6 · 5 = ______
5 · 9 · 2 = ______

b) 8 · 2 · 5 = ______
8 · 9 · 5 = ______
5 · 4 · 6 = ______

c) 8 · 6 · 5 = ______
8 · 8 · 5 = ______
4 · 3 · 5 = ______

3 Notiere deinen Rechenweg oder rechne im Kopf.

a) 7 · 86 = 602 b) 3 · 33 = ______ c) 6 · 58 = ______ d) 8 · 99 = 704

7 · 80 = 560
7 · 6 = 42

8 · 90 = 640
8 · 9 = 64

4 Division mit und ohne Rest. Rechne mit deinem Rechenweg.

a) 324 : 4 = ______ b) 295 : 5 = ______ c) 258 : 3 = ______ d) 398 : 9 = ______

5 Was willst du wissen? Wie findest du es heraus? Was weißt du jetzt?

Bei den Ferienspielen werden immer 8 Kinder in eine Gruppe eingeteilt. 152 Kinder nehmen an den Spielen teil.

Wie viele Gruppen gibt es

152 : 8 = 19

Es gibt 19 Gruppen

Knobeln, entdecken, forschen

① Du hast insgesamt 7 Plättchen.
Lege damit Zahlen,
die größer als 200 sind und …

H	Z	E

a) … zu den geraden Zahlen gehören.

____
____
____
____

b) … zu den ungeraden Zahlen gehören.

____
____
____
____

Überlege zuerst: Gibt es gleich viele Lösungen? __________

② a) Verteile die Zahlen 30, 31, 32, 33, 34, 35 so auf die Kästchen,
dass die Summe der drei Zahlen
auf jeder Dreiecksseite jeweils gleich ist.

Finde Lösungen mit …

A … den größten Zahlen in den Eckpunkten.
B … den kleinsten Zahlen in den Eckpunkten.
C … geraden Zahlen in den Eckpunkten.
D … ungeraden Zahlen in den Eckpunkten.

b) Weshalb erhältst du die größte Summe, wenn die größten Zahlen in den Ecken stehen?

____
____

③ Wie schwer sind die Obst- und Gemüsesorten, wenn eine Möhre 135 g wiegt?

 135 g

 ________

 ________

 ________

1 m = 100 cm

① Immer zwei Längenangaben sind gleich. Male jeweils mit derselben Farbe an.

50 cm	500 cm	275 cm	7,5 cm	75 mm	$\frac{1}{2}$ m	5 m	2 m 75 cm

② Ein Absperrseil ist 20 m lang. Wie viele Seile benötigt man, um …

a) … eine Strecke von 100 m abzusperren? ________

b) … eine Strecke von 1 km abzusperren ? ________

③ Verschiedene Schreibweisen

a) 370 cm = 3 m 70 cm = 3,70 m
295 cm = 2 m 95 cm = 2,95 m
305 cm = 3 m 5 cm = 3,05 m

b) 412 cm = 4 m 12 cm = 4,12 m
809 cm = 8 m 09 cm = 8,09 m
85 cm = 0 m 85 cm = 0,85 m

④ Notiere Beginn und Ende der Zugfahrten. Berechne die Zeitdauer.

a) Beginn: 9:22 Uhr Ende: 10:00 Uhr

Zeitdauer: 38 min

b) Beginn: 2:07 Uhr Ende: 5:00 Uhr

Zeitdauer: 2 h 53 min

⑤ Mit dem Zug von ____________ nach ____________

3
50
53 min

Bahnhof/Haltestelle	Zeit	Zug
Münster (Westf) Hbf	ab 11:04	IC 2113
Köln Hbf	an 12:49	
Köln Hbf	ab 12:54	ICE 507
Frankfurt (Main) Flughafen Fernbf	an 13:51	
Frankfurt (Main) Flughafen Fernbf	ab 13:58	IC 2026
Mainz Hbf	an 14:16	

Wartezeiten beim Umsteigen

a) in Köln: ____________

b) in Frankfurt: ____________

Fahrzeiten

c) Münster – Köln: ____________

d) Köln – Frankfurt: ____________

e) Frankfurt – Mainz: ____________

f) Die reine Zugfahrtzeit beträgt: ____________

Gewicht / Geometrie

① Welche Gewichtsangabe ist richtig? Male aus.

a) 

20 g | 200 g | 2 kg

b) 

5 kg | 500 g | 50 kg

c) 

90 kg | 950 kg | 950 g

d) 

$\frac{1}{2}$ kg | 10 g | 1 g

② a) 800 g + 200g = 1 kg
400 g + 600g = 1 kg
150 g + 850g = 1 kg

b) 720 g + 280g = 1 kg
310 g + 690g = 1 kg
250 g + 750g = 1 kg

c) 5 · 200 g = 1 kg
50 · 20 g = 1 kg
20 · 50 g = 1 kg

③ Zeichne alle Symmetrieachsen ein.

a) 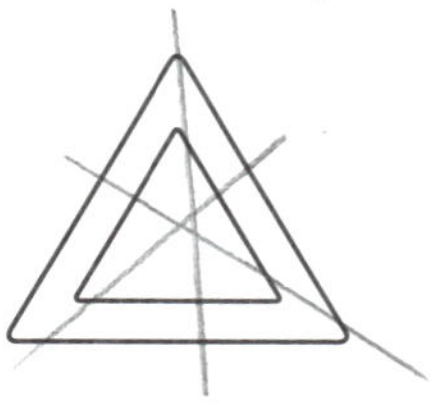
b) 
c) 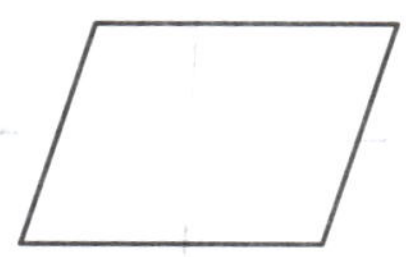
d) 
e) 

④ Ergänze symmetrisch. Erfinde eine eigene Figur.

a) 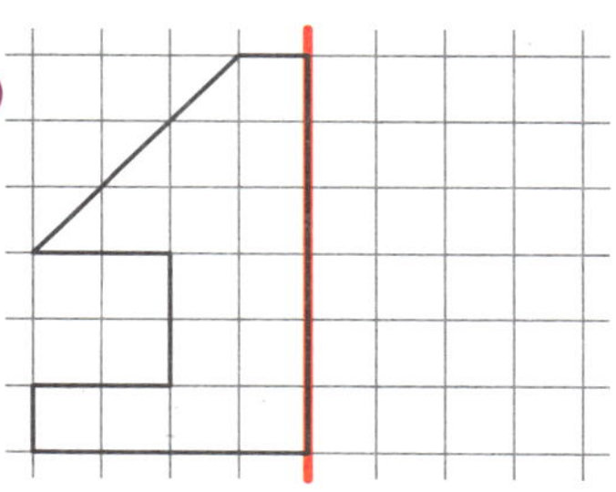
b) 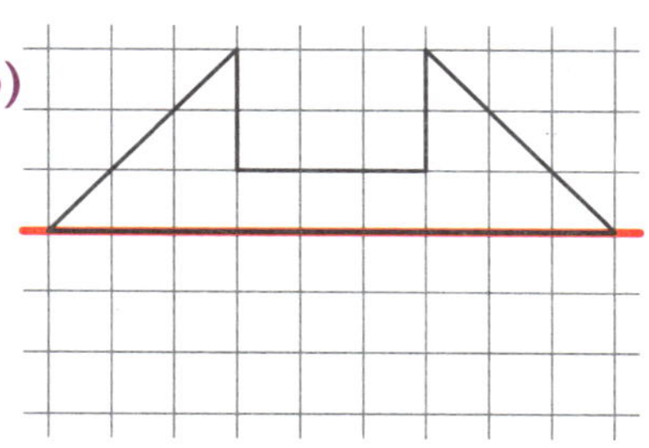
c) 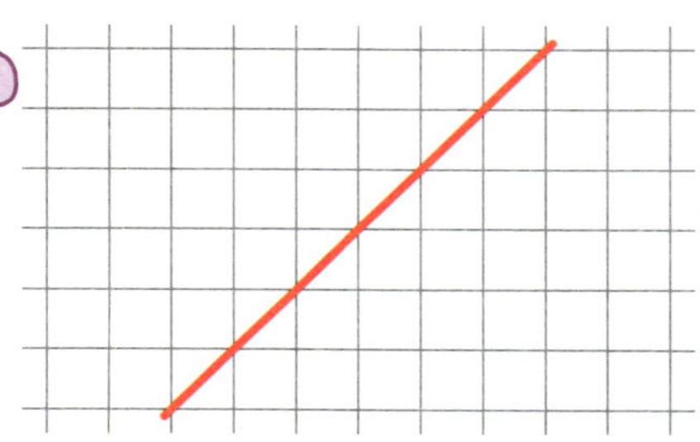

⑤ Welche Körper sind gemeint?

A Er hat keine Kanten und keine Ecken.
____

B Er hat nur eine Kante.
____

⑥ Vervollständige immer zu einem Würfelnetz. Die Netze sollen unterschiedlich sein.

a) 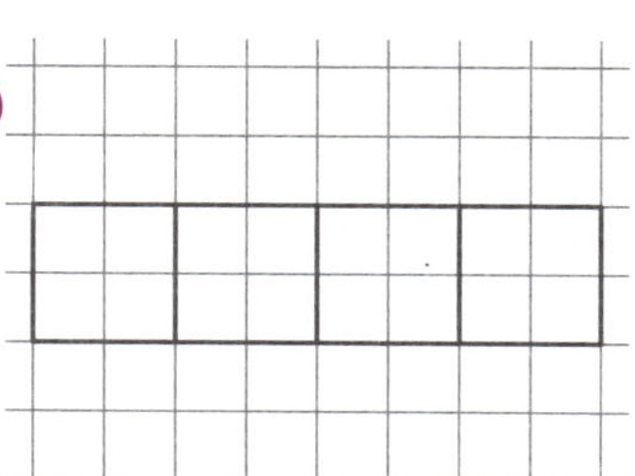
b) 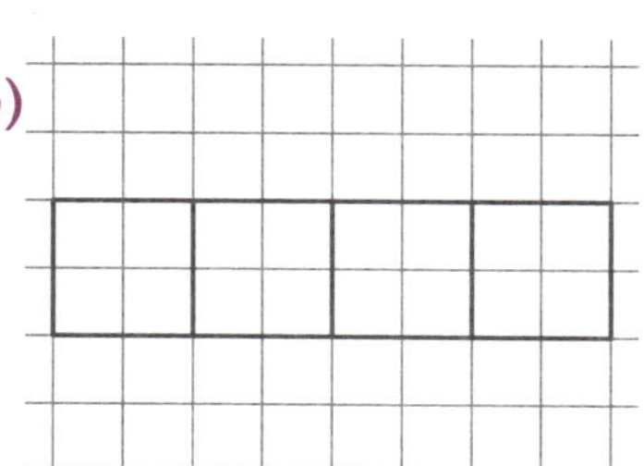
c) 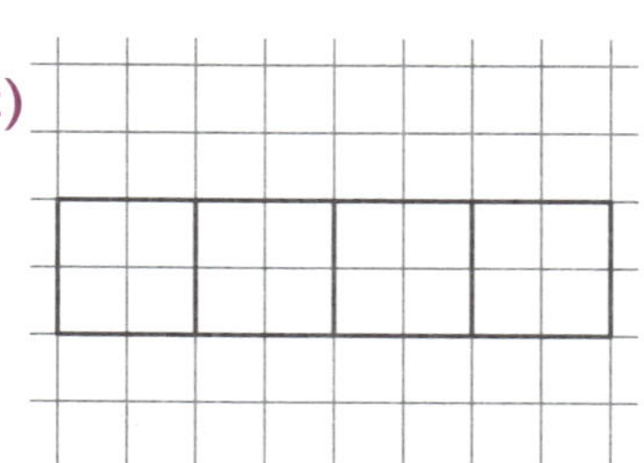

Sachrechnen – Rund um den Zirkus

(1) Nina besucht mit ihren Eltern am Sonntag die erste Zirkusvorstellung. Vorher gehen sie um 11.00 Uhr in den Zirkus-Zoo. Von ihrer Wohnung bis zum Zirkusplatz brauchen sie ungefähr $\frac{1}{2}$ Stunde. Die Zirkusvorstellung dauert genau 2 Stunden und 45 Minuten. Danach fahren sie sofort nach Hause.

Vorstellungszeiten
Werktags: 15.30 und 20.00 Uhr
Sonn- und Feiertage: 14.00 und 18.00 Uhr
Zirkus-Zoo an allen Vorstellungstagen immer ab 10.00 Uhr

a) Lies die Fragen. Prüfe, welche du mit Hilfe der Informationen beantworten kannst. Kreuze sie an.

- ☐ Wann ist die Zirkusvorstellung zu Ende? __________
- ☐ Wie lange dauert die Pause während der Zirkusvorstellung? __________
- ☐ Wann muss die Familie zu Hause losfahren? __________
- ☐ Wann sind Nina und die Eltern ungefähr wieder zu Hause? __________
- ☐ Wie teuer ist der Eintritt zum Zirkus-Zoo? __________
- ☐ Wie lange ist die Familie ungefähr insgesamt unterwegs? __________

b) Rechne und beantworte die Fragen. Trage die Lösungen oben ein.

(2) Löwen sind reine Fleischfresser. An 6 Tagen verfüttern die Tierpfleger 960 kg Fleisch an 12 Löwen. Die Menge Fleisch ist an jedem Tag etwa gleich.

a) Wie viele Kilogramm Fleisch fressen die 12 Löwen an einem Tag?

____

(b) Welche Menge frisst ein Löwe ungefähr an einem Tag?

____

Löwen	12	6	3	1
Fleisch am Tag				

①

	Istanbul	Rom	Moskau	Stockholm	Paris
Berlin	2200 km	1550 km	1850 km	950 km	1050 km
Hamburg	2600 km	1750 km	2200 km	950 km	950 km
Köln	2450 km	1500 km	2250 km	1300 km	500 km
München	1900 km	950 km	2300 km	1600 km	850 km

Welche Städte sind es?
Wie weit ist es?
Ergänze die Aussagen.

Mein Onkel arbeitet 500 km von Köln entfernt. Er arbeitet in ______________.

Mein Freund ist nach Stockholm gezogen. Vorher hat er in München gewohnt. Die beiden Städte liegen ________ km auseinander.

In den Ferien sind wir von Berlin nach Rom geflogen. Das sind ________ km.

Im Urlaub waren wir in ______________________
Das ist 1300 km von ______________ entfernt.

Meine Oma wohnt in der Nähe von ______________. Das ist 1750 km von Hamburg entfernt.

② Setze die passenden Zahlen ein.

Die Entfernung von München nach Nürnberg beträgt ________ km. Von München nach Stockholm in Schweden sind es ________ km. Das ist fast ____-mal so weit. Mit Auto und Fähre ist man etwa ____ Stunden unterwegs.
Längere Strecken innerhalb Europas oder weltweit legt man schneller mit dem Flugzeug zurück. Von Frankfurt am Main nach New York sind es ____________ km. Wenn du nach Sydney (Australien) fliegen möchtest, musst du noch rund ____________ km weiter fliegen.
Die Entfernung von Frankfurt nach Sydney beträgt ____________ km.

10 | 24 | 165 | 1600 | 6205 | 10 000 | 16 484

③ Forsche im Atlas oder im Internet und ergänze die Entfernungen.

a) Entfernung Frankfurt am Main – Paris (Frankreich) ______________
b) Entfernung Düsseldorf – Madrid (Spanien) ______________
c) Entfernung Hamburg – Warschau (Polen) ______________
d) Entfernung München – Washington D. C. (USA) ______________
e) Entfernung Frankfurt am Main – Tokio (Japan) ______________

SB ▸ 16/17 E ▸ 9 A ▸ 9

1 Ergänze die fehlenden Ziffern.

a)
```
  9 7 5 3 1
–
———————————
  3 3 4 1 1
```

b)
```
– 5 4 6 3 0 1
—————————————
  3 3 6 1 1 2
```

c)
```
  3   5   1
–   1   0
———————————
  2 5 3 0 0
```

d)
```
        0 0 0
– 1 9 8
—————————————
  2 0 1 3 9 0
```

2 Umkehrzahlen. Setze das Muster fort, bis sich die Aufgabe wiederholt.

a)

9964	6552	9963	6642	7641
– 4699	– 2556	– 3699	–	–
5265				

(Übertrag in a) beim ersten Beispiel: 1 1)

Tipp: Aus den Ziffern der vorausgegangenen Differenz wird die neue Aufgabe gebildet. Ordne die Ziffern der beiden neuen Zahlen der Größe nach.

b)

8721	7443	9963		
– 1278	– 3447	–	–	–
7443				

(Übertrag in b) beim ersten Beispiel: 1 1)

c Wähle eine eigene Startzahl und verfahre genauso.

d Was fällt dir auf? ______________________________

3 Im Kopf oder schriftlich?
Kreuze die Aufgaben an, die du schneller im Kopf rechnen kannst.
Notiere die Ergebnisse. Diskutiere deine Einschätzung mit einem Partner.

- ☐ 79 004 – 78 998 = ______
- ☐ 15 006 – 3 006 = ______
- ☐ 89 615 – 20 005 = ______
- ☐ 298 147 + 33 056 = ______
- ☐ 111 111 + 333 222 = ______
- ☐ 80 500 – 72 500 = ______
- ☐ 19 640 + 360 = ______
- ☐ 997 000 + 3 800 = ______
- ☐ 681 513 + 457 864 = ______
- ☐ 250 000 + 750 000 = ______

Bundesliga Zuschauerzahlen – November 2008

Verein	Spiele	Gesamtzuschauerzahl
Arminia Bielefeld	7	158 000
Bayer Leverkusen	8	163 100
Bayern München	7	483 000
Borussia Dortmund	8	576 704
Borussia Mönchengladbach	8	375 700
Eintracht Frankfurt	7	320 100
Energie Cottbus	7	108 390
1. FC Köln	7	346 000
FC Schalke 04	7	429 669
Hamburger SV	7	382 982
Hannover 96	8	328 563
Hertha BSC	8	339 036
1899 Hoffenheim	8	209 800
Karlsruher SC	7	196 800
VfB Stuttgart	8	404 800
VfL Bochum 1848	8	190 832
VfL Wolfsburg	7	178 933
Werder Bremen	8	322 520

(1) a) Welche vier Vereine hatten im November die meisten Zuschauer? Notiere die Vereine in der richtigen Reihenfolge.

1. ______
2. ______
3. ______
4. ______

b) Berechne die Differenz zwischen der größten und kleinsten Zuschauerzahl. Benenne die beiden Vereine.

______

______

c) Wie viele Zuschauer kamen in Köln weniger ins Stadion als in München?

______

______

(2) Welcher Verein ist gemeint?

a) Marco aus München staunt, dass sein Heimatverein 93 704 Zuschauer weniger zu verzeichnen hatte als ein Verein aus Nordrhein-Westfalen.

Der gesuchte Verein heißt ______.

b) Anna freut sich, dass ihr Verein von 107 149 Fans mehr im Stadion unterstützt wurde als Werder Bremen.

Der gesuchte Verein heißt ______.

(3) Überlege dir eine eigene Aufgabe zu der Tabelle. Notiere deine Frage und die Lösung. Stelle sie anschließend den Kindern deiner Klasse vor.

SB ▸ 46/47 E ▸ 24 A ▸ 24

Multiplizieren mit Stufenzahlen

1 Rechne.

a)
4 · 7 = ______
4 · 70 = ______
4 · 700 = ______
4 · 7000 = ______
4 · 70000 = ______

b)
6 · 5 = ______
6 · 50 = ______
6 · 500 = ______
6 · 5000 = ______
6 · 50000 = ______

c)
9 · 8 = ______
9 · 80 = ______
9 · 800 = ______
9 · 8000 = ______
9 · 80000 = ______

2 Rechne zuerst die leichte Aufgabe aus dem kleinen Einmaleins.

3 · 4 = 12

a)
3 · 40 = ______
3 · 4000 = ______
3 · 400 = ______
3 · 40000 = ______

b)
6 · 6000 = ______
6 · 60 = ______
6 · 60000 = ______
6 · 600 = ______

c)
7 · 90000 = ______
7 · 9000 = ______
7 · 900 = ______
7 · 90 = ______

3 Viele Nullen

a)
20 · 40 = ______
70 · 50 = ______
80 · 30 = ______
50 · 60 = ______

b)
60 · 80 = ______
6 · 80 = ______
60 · 800 = ______
600 · 800 = ______

c)
600 · 40 = ______
4000 · 30 = ______
800 · 700 = ______
500 · 400 = ______

6 · 80 = 480
6 · 800 = 4800
60 · 800 = 48000

4 a)

·	200	90	6000
40			
70			
30			

b)

·	80	500	
50			
60			42000
	6400		

5 Immer zwei Aufgaben haben dasselbe Ergebnis. Male sie in der gleichen Farbe aus.

60 · 90 | 900 · 600 | 9000 · 6 | 9 · 60 | 60000 · 9 | 6 · 90 | 900 · 6 | 600 · 90

6 Finde die passenden Aufgaben.

a) 180000

3 · 60000
30 · ______
______ · ______
______ · ______
______ · ______

b) 810000

______ · ______
______ · ______
900 · 900
______ · ______
______ · ______

c) ______

______ · ______
______ · ______
______ · ______
______ · ______
______ · ______

SB ▸ 50/51 E ▸ 26 A ▸ 26

Halbschriftlich multiplizieren

① Rechne halbschriftlich.

a) 2 · 6212 =

b) 6 · 12345 =

c) 4 · 3106 =

d) 3 · 24690 =

② Überlege bei jeder Aufgabe, für welchen Rechenweg du dich entscheidest: halbschriftlich oder im Kopf. Rechne.

a) 2 · 800 = ______
5 · 299 = ______
7 · 286 = ______
3 · 102 = ______

b) 4 · 2222 = ______
6 · 1002 = ______
8 · 2859 = ______
9 · 4703 = ______

c) 4 · 49999 = ______
5 · 17000 = ______
3 · 51008 = ______
7 · 40001 = ______

③ Zahlenrätsel

Berechne das Produkt aus 7 und 572.
Lösung: ______

Addiere 2500 zu dem Produkt aus 6 und 1251.
Lösung: ______

Subtrahiere das Produkt aus 3 und 412 von dem Produkt aus 6 und 900.
Lösung: ______

SB ▸ 52/53 E ▸ 27 A ▸ 27

(1) Multipliziere schriftlich.

a) 3 2 1 2 · 2

b) 7 6 8 4 · 3

c) 4 5 3 7 · 5

d) 6 9 7 5 · 7

e) 8 7 4 6 · 6

f) 1 9 2 3 · 9

g) 9 2 4 0 · 8

h) 5 0 0 4 · 5

6424 17307 22685 23052 25020 32025 48825 52476 73920

(2) Überschlage zuerst. Multipliziere dann schriftlich.

a) Ü: 6 0 0 0 · 4 =

6 3 2 6 · 4

b) Ü: 5 0 0 0 · 7 =

4 9 1 3 · 7

c) Ü:

7 8 5 2 · 3

d) Ü:

9 1 7 4 · 8

e) Ü:

3 0 8 5 · 9

f) Ü:

8 5 0 9 · 6

(3) a) Vier Aufgaben sind falsch. Markiere die Fehler mit Farbe und rechne richtig.

A	4326 · 6	25956
B	8697 · 3	25891
C	5126 · 4	20504
D	6324 · 8	504192
E	9289 · 5	46445
F	7425 · 9	66825
G	3030 · 7	210210
H	9783 · 6	59298

b) Diese Fehler wurden gemacht.
Schreibe die Buchstaben der Aufgaben zu den Fehlern.

Fehler im Einmaleins
Aufgabe: ________

Übertrag in das Ergebnis geschrieben
Aufgabe: ________

Übertrag vergessen
Aufgabe: ________

SB ▸ 54/55 E ▸ 28 A ▸ 28

① Überschlage. Multipliziere schriftlich.

a) Ü: ·

432 · 59

b) Ü:

8246 · 25

c) Ü:

271 · 64

d) Ü:

9389 · 76

② a) Finde die Fehler in den Aufgaben und markiere sie farbig.
Verbinde jede Aufgabe mit dem entsprechenden Fehler.

A
8094 · 17
8094
55657
1 1
136597

B
7028 · 34
2184
28112
49952

C
9652 · 46
38608
54912
1 1
440992

D
6743 · 89
53944
60687
1 1 1 1
600227

Übertrag vergessen

Einmaleinsfehler

Null nicht multipliziert

Fehler beim Addieren

b) Rechne richtig.

③ Multipliziere. Achte auf die Null.

a) 306 · 702

b) 650 · 309

c) 804 · 680

200850 214812 428720 546720

SB ▸ 56/57 E ▸ 29 A ▸ 29

① Wie rechnest du? Im Kopf (K) oder schriftlich (S). Trage ein und rechne dann.

a)		b)		c)	
1111 · 3 = 3333	K	43 792 · 7 = ______	☐	62 758 · 5 = ______	☐
9348 · 9 = ______	☐	50 100 · 9 = ______	☐	25 002 · 2 = ______	☐
6003 · 5 = ______	☐	19 999 · 4 = ______	☐	87 316 · 7 = ______	☐
4307 · 6 = ______	☐	76 543 · 8 = ______	☐	94 589 · 0 = ______	☐

② Max kauft mit seinem Vater für seinen Kindergeburtstag ein.
So sieht der Einkaufszettel aus:

3 Packungen Kekse	______ €
6 Flaschen Apfelsaft	______ €
2 Kästen Mineralwasser	______ €
3 Pizzen	______ €
12 Müsliriegel	______ €

a) Berechne die Preise der angegebenen Mengen. Notiere sie neben dem Einkaufszettel.

b) Wie viel muss Max insgesamt bezahlen? ______

③ Überschlage und rechne schriftlich.

a) Ü:

2 1, 7 6 € · 4

b) Ü:

1 4, 3 8 € · 2 3

SB ▸ 58/59 E ▸ 30 A ▸ 30

SIBIRISCHER TIGER

Lebensraum: Asien
Nahrung: Fleisch von Rindern, Antilopen, Hirschen, bis 8 kg pro Tag
Alter: bis 25 Jahre
Gewicht: bis zu 280 kg
Größe: bis zu 105 cm hoch

GORILLA

Lebensraum: Afrika
Nahrung: Früchte, Gräser, Baumrinde, Männchen bis 40 kg pro Tag, Weibchen bis 15 kg pro Tag
Alter: bis 60 Jahre
Gewicht: bis zu 200 kg
Größe: bis zu 175 cm hoch

GROSSER PANDA

Lebensraum: China
Nahrung: Bambus, bis 19 kg pro Tag
Alter: bis 14 Jahre
Gewicht: bis zu 160 kg
Größe: bis zu 170 cm hoch

(1) Der Zoo hat vier Tiger. Wie viele Kilogramm Fleisch benötigt der Zoo an einem Tag für seine Tiger? Wie viel in einer Woche? Wie viel in einem Jahr?

____

____

____

(2) Im Zoo leben auch fünf Gorillas, ein Männchen und vier Weibchen.

a) Wie viele Kilogramm Futter benötigt der Zoo für sie in einer Woche?

____

b) Im Januar hatte der Zoo noch ein Gorillamännchen mehr.

____

(3) Ein Panda verbringt täglich 16 Stunden mit Fressen.

a) Wie viele Stunden sind das im Mai?

____

b) Die Pandas sind täglich von 9 Uhr bis 11 Uhr und von 13 Uhr bis 16 Uhr zu sehen. Wie viele Stunden sind das in einem Jahr?

____

SB ▶ 60/61 E ▶ 31 A ▶ 31

① Wandle um.

a)
3,4 kg = ______ g
0,05 kg = ______ g
2,004 kg = ______ g
$\frac{1}{2}$ kg = ______ g
$5\frac{1}{4}$ kg = ______ g

b)
20 g = ______ kg
1056 g = ______ kg
312 g = ______ kg
12745 g = ______ kg
4 g = ______ kg

c)
3,4 t = ______ kg
2,132 t = ______ kg
0,200 t = ______ kg
0,01 t = ______ kg
$3\frac{3}{4}$ t = ______ kg

② Vervollständige die Tabelle. Schreibe auf drei Arten.

3252 kg	463 kg					2978 kg	832 kg
3 t 252 kg		4 t 175 kg		35 t 84 kg			
3,252 t			7,54 t		0,09 t		

③ Wie viel fehlt bis zum nächsten vollen Kilogramm?

712 g + ______ = 1 kg
7 kg 583 g + ______ = 8 kg
25 kg 40 g + ______ = ____ kg
9,123 kg + ______ = ______
0,01 kg + ______ = ______
$4\frac{3}{4}$ kg + ______ = ______

④ Ergänze bis zur nächsten vollen Tonne.

827 kg + ______ = 1 t
8 t 195 kg + ______ = 9 t
3412 kg + ______ = ____ t
2,346 t + ______ = ______
9 t 1 kg + ______ = ______
$5\frac{1}{2}$ kg + ______ = ______

⑤ Ordne der Größe nach.

$7\frac{3}{4}$ kg | 7 g | 7,5 t | 7195 kg | 75012 g | 0,7 t | 735 kg 219 g

____

⑥ **a)** Wer ist schwerer? ______

b) Wie groß ist der Unterschied? ______

c) Wie schwer bist du? Ich wiege ______ kg.
Das sind ______ g oder ______ t.

d) Wie viele Kinder wiegen zusammen ungefähr 1 t?

SB ▸ 62/63 E ▸ 32 A ▸ 32

Liter und Milliliter

(1) Schreibe auf drei verschiedene Arten.

a)

535 ml = 0 l 535 ml = 0,535 l
_____ ml = 6 l 200 ml = _____ l
_____ ml = __ l _____ ml = 2,25 l
_____ ml = 0 l 750 ml = _____ l

b)

_____ ml = __ l _____ ml = 0,459 l
15 ml = __ l _____ ml = _____ l
_____ ml = 4 l 250 ml = _____ l
_____ ml = __ l _____ ml = 12,02 l

(2) Immer zwei Angaben ergänzen sich zu 1 Liter. Male in der gleichen Farbe aus.

0,6 l | 0,875 l | 0,625 l | 750 ml | 0,25 l | 0,35 l

375 ml | 400 ml | $\frac{1}{8}$ l | 650 ml | 500 ml | 0,5 l

(3) Ali hat einen Vorrat von 2 l Mineralwasser. Wie viel behält er übrig, wenn er …

a) … 3 Becher füllt? _____ **b)** … 5 Gläser füllt? _____ **c)** … 5 Tassen füllt? _____

je 0,3 l

je 0,25 l

je 125 ml

(4) Stelle im Säulendiagramm dar, wie viele Milliliter Wasser 1 Kilogramm der Lebensmittel enthält.

820 ml*

450 ml*

750 ml*

920 ml*

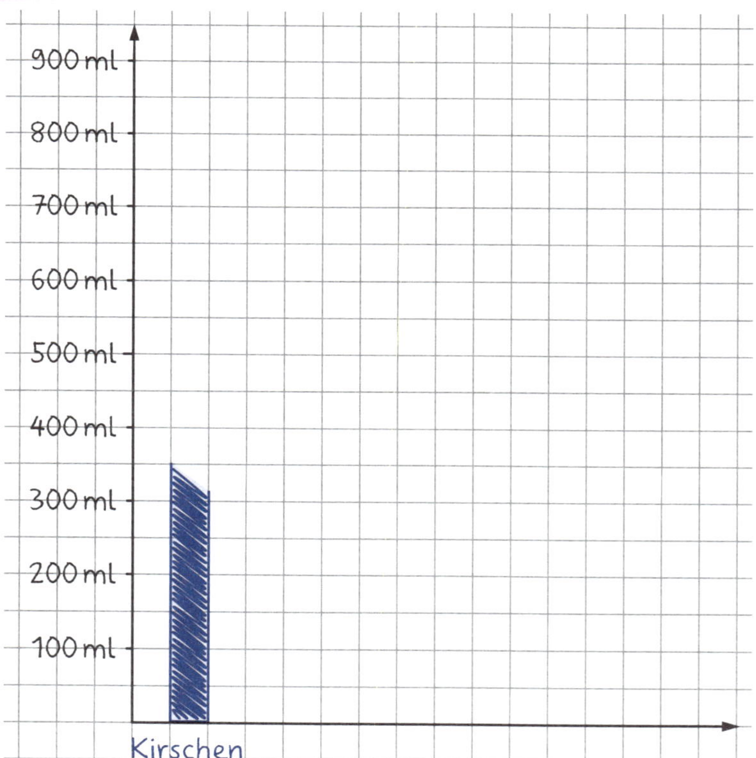

* Wassergehalt pro kg

① Wie viel wiegen diese Wassermengen?

a) 4 l = ______
10 l = ______
6 l = ______

b) $\frac{1}{4}$ l = ______
$1\frac{1}{2}$ l = ______
$\frac{3}{4}$ l = ______

c) 300 ml = ______
250 ml = ______
100 ml = ______

d) 0,75 l = ______
2,55 l = ______
4,35 l = ______

② Wie viele Zentimeterwürfel passen in die Quader?
Wie viele Milliliter Wasser passen in die Quader?

A

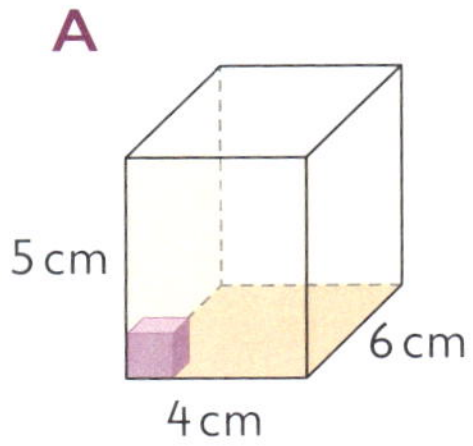

______ Würfel

______ ml

B

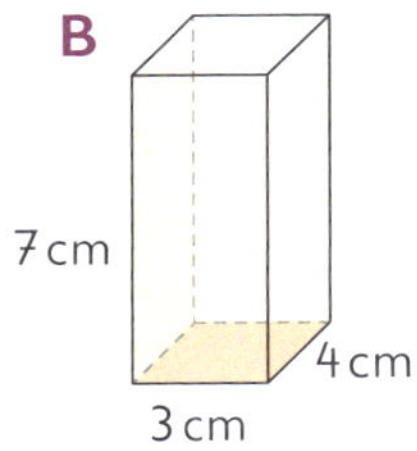

______ Würfel

______ ml

C

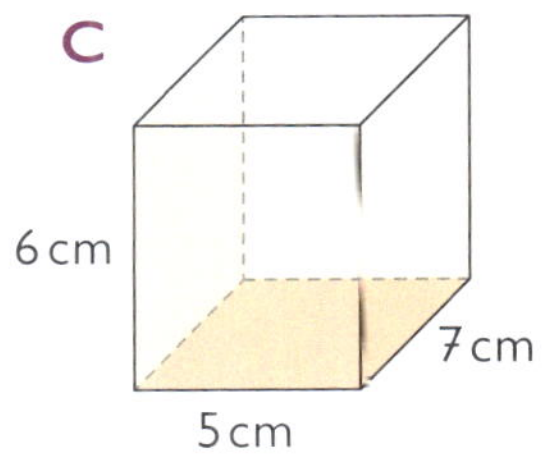

______ Würfel

______ ml

D

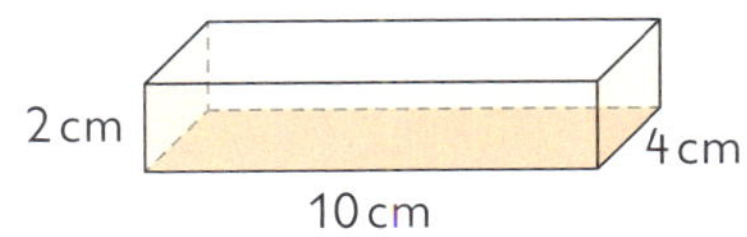

______ Würfel

______ ml

③ Herr Schwarz ergänzt die Mineralwasservorräte. Er kauft zwei Kästen Mineralwasser. Jeder enthält 12 Glasflaschen mit je 0,7 l Wasser. Seine Frau bevorzugt stilles Wasser. Es ist in Kunststoffflaschen mit 1,5 l Inhalt abgefüllt. Herr Schwarz kauft 12 Flaschen stilles Wasser.

a) Wie viele Liter Wasser kauft Herr Schwarz?

______

b) Wie viel wiegt sein Einkauf?

______

Ⓜ Das weißt du schon:
1 Glasflasche wiegt leer 572 g.
1 Kunststoffflasche wiegt leer 40 g.
Ein leerer Getränkekasten wiegt 1,314 kg.

SB ▸ 66/67 E ▸ 34 A ▸ 34

Der rechte Winkel

① Kennzeichne in den Figuren alle rechten Winkel so: ⊾. Prüfe mit Hilfe des Geodreiecks.

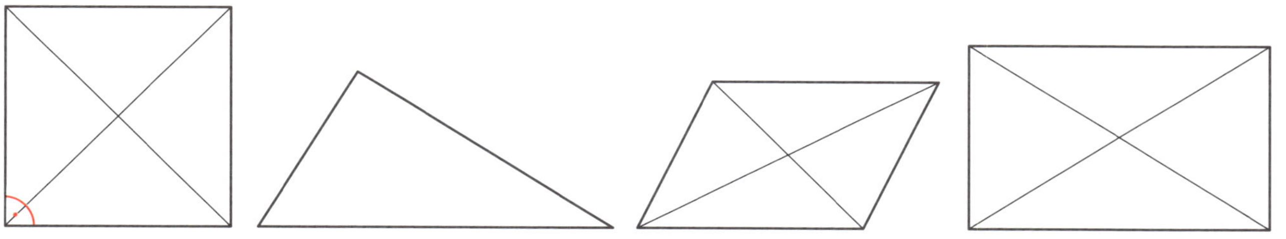

② **a)** Zeichne zu der Geraden vier senkrechte Geraden.

b) Zeichne zu der Geraden vier senkrechte Geraden, die durch die Punkte **A**, **B**, **C**, **D** verlaufen.

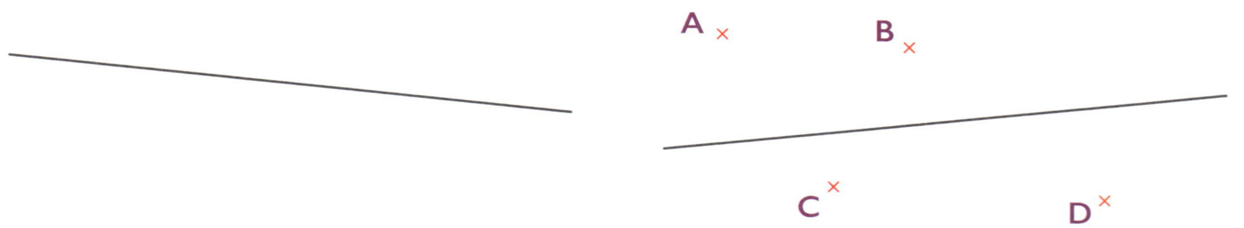

③ Ergänze zu Quadraten.

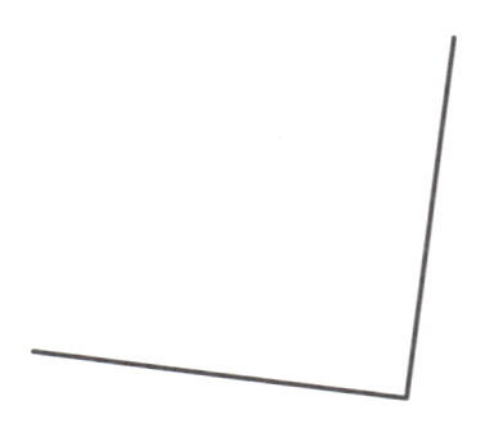

④ Setze das Muster fort.

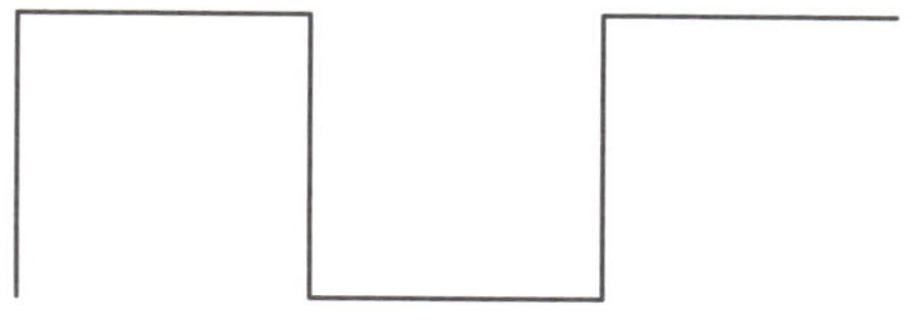

SB►68 E►35 A►35

① Zeichne parallele Linien jeweils mit der gleichen Farbe nach.

a)

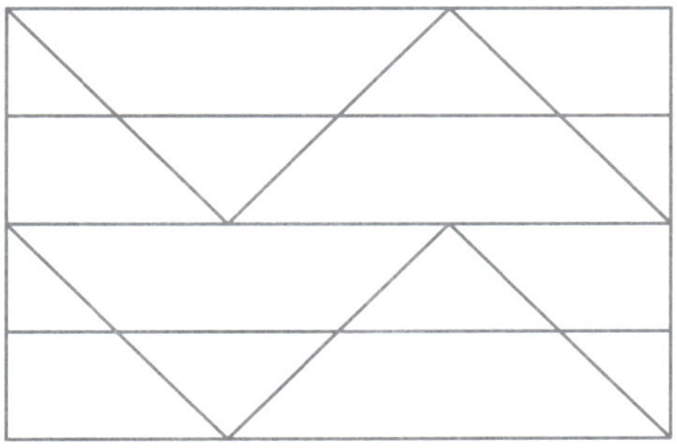

b)

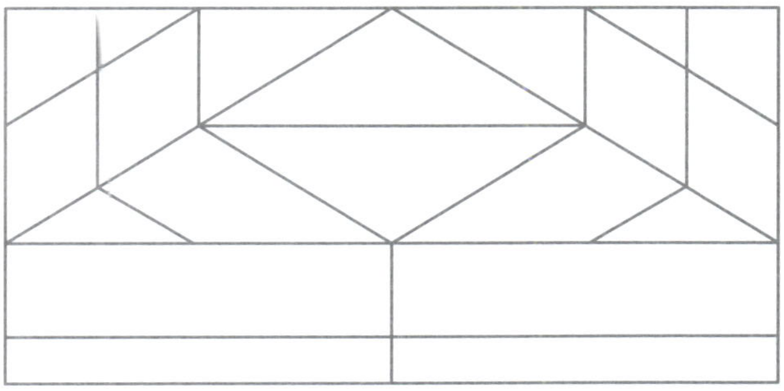

② a) Zeichne zu der Geraden zwei parallele Geraden. Sie sollen jeweils einen Abstand von 1 cm haben.

ⓑ Zeichne zu der Geraden drei parallele Geraden. Sie sollen durch die Punkte **A**, **B**, **C** verlaufen.

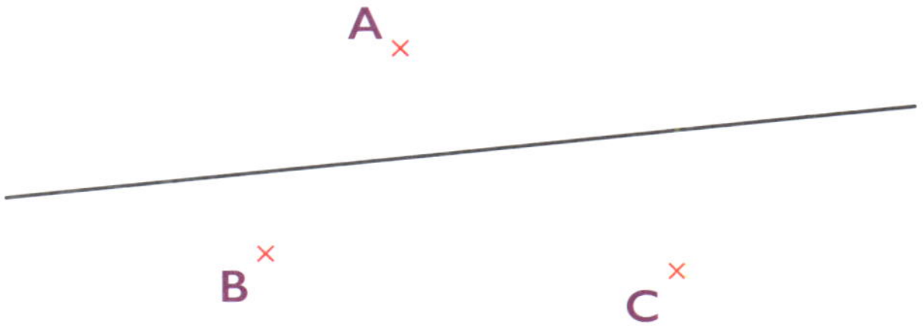

③ Setze die Muster fort. Male sie aus. Erfinde ein eigenes Muster mit vielen parallelen Linien.

a)

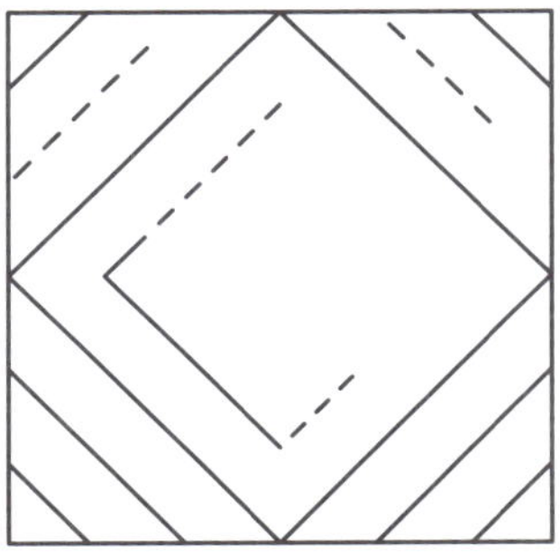

b)

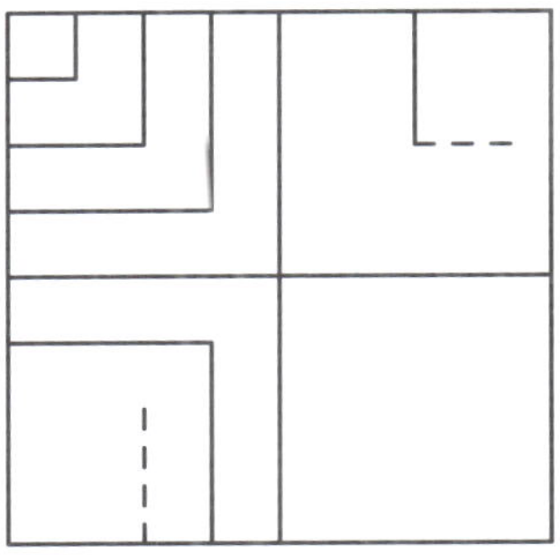

c)

④ Zeichne das Muster doppelt so groß. Setze es fort.

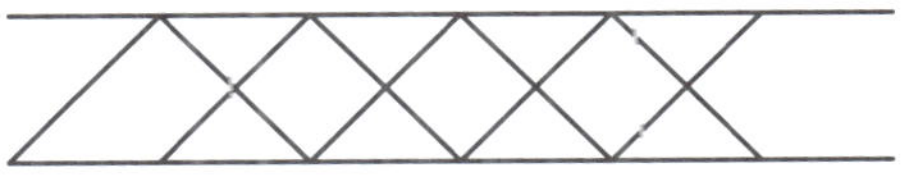

① a) : 4

32	8
320	
3 200	
32 000	

b) : 5

350	
3 500	
	7 000
	70 000

c) : 7

56 000	
	80 000
560	
	800

② Rechne zuerst die Aufgabe aus dem kleinen Einmaleins.

a) 4800 : 6 = ____
4800 : 60 = ____
(48 : 6) 4800 : 600 = ____

b) 16 000 : 400 = ____
160 : 40 = ____
1 600 : 400 = ____

c) 42 000 : 7 000 = ____
4 200 : 700 = ____
420 000 : 7 000 = ____

③ Halbschriftlich dividieren

Finde Zerlegungen, mit denen du einfach rechnen kannst.

a) 4 7 0 0 : 5 =
4 5 0 0 : 5 =
2 0 0 : 5 =

1 1 7 0 : 3 =

3 2 6 4 : 8 =

b) 9 4 5 9 : 9 =

7 9 2 0 : 6 =

c) 4 0 2 5 5 : 5 =

5 8 3 2 0 : 6 =

④

A Bilde die Hälfte von 1552 und dividiere das Ergebnis durch 8.
Lösung: ____________________

B Dividiere die Summe der Zahlen 49 000 und 1 400 durch 7.
Lösung: ____________________

SB ▸ 72/73 E ▸ 37 A ▸ 37

① a)

T	H	Z	E				T	H	Z	E
6	2	1	6	:	8	=	7			
−5	6									

b)

T	H	Z	E				T	H	Z	E
3	7	4	0	:	4	=				

② Muss das genaue Ergebnis größer oder kleiner als der Überschlag sein?
Verbinde. Benutze die Farben rot und blau.

4689 : 9	Ü: 4500 : 9 = 500
2916 : 6	Ü: 3000 : 6 = 500
3462 : 6	Ü: 3600 : 6 = 600
2205 : 7	Ü: 2100 : 7 = 300
1856 : 8	Ü: 1600 : 8 = 200
3895 : 5	Ü: 4000 : 5 = 800

Das genaue Ergebnis muss etwas größer sein als der Überschlag.

Das genaue Ergebnis muss etwas kleiner sein als der Überschlag.

③ Überschlage zuerst. Kontrolliere mit der Probe.

a) Ü: 1600 : 8 =

1912 : 8 = 2
−16

P: ______ · 8

b) Ü:

4795 : 5 =

P: ______ · 5

c) Ü:

7089 : 3 =

P: ______

d) Ü:

9870 : 6 =

P: ______

SB ▸ 74/75 E ▸ 38 A ▸ 38

Schriftliches Dividieren üben

① Überschlag – Rechnung – Probe. Mit und ohne Rest.

a) Ü: : 4 =

1 8 2 7 8 : 4 =

P: · 4

b) Ü:

2 4 8 6 3 : 5 =

P: · 5

c) Ü:

2 4 7 6 : 6 =

P:

d) Ü:

3 8 1 9 : 3 =

P:

e) Ü:

4 9 3 4 0 : 2 0 =

P:

f) Ü:

7 3 4 2 8 : 1 2 =

P:

② Finde den Fehler. Markiere die falschen Stellen.
Erkläre, was falsch gemacht wurde und rechne richtig.

```
 18249 : 7 = 268
-14
  42
- 42
  049
 - 49
    0
```


SB ▸ 76/77 E ▸ 39 A ▸ 39

(1) Schriftlich oder im Kopf?
Die meisten Aufgaben wirst du sicher im Kopf ausrechnen können.
Notiere die Ergebnisse und male die Ergebnisfelder in der passenden Farbe aus.

a)

5 400 : 3 = 1300

1 527 : 3 = ______

22 · 4 − 27 = ______

80 064 : 8 = ______

2 736 : 6 = ______

b)

42 + 320 : 40 = ______

180 − 9 · 9 = ______

24 240 : 8 = ______

792 : (8 + 4) = ______

3 545 : 5 = ______

c)

(372 − 12) : (13 + 7) = ______

150 : (30 + 20) = ______

4 242 : 7 = ______

(3 + 12) · (9 − 4) = ______

6 000 : 8 = ______

d)

5 · (6 − 2) · 3 = ______

392 : 8 = ______

777 : 7 + 17 = ______

36 546 : 6 = ______

(20 − 8) · (32 − 28) = ______

SB ▸ 78/79 E ▸ 40 A ▸ 40

Der Taschenrechner

① Schöne Päckchen. Rechne mit dem Taschenrechner und setze fort.

a)	b)	c)
11 · 11 = ____	22 · 11 = ____	33 · 11 = ____
111 · 11 = ____	222 · 11 = ____	____ · ____ = ____
1111 · ____ = ____	____ · ____ = ____	____ · ____ = ____
____ · ____ = ____	____ · ____ = ____	____ · ____ = ____
____ · ____ = ____	____ · ____ = ____	____ · ____ = ____

d) Was fällt dir auf?

____

____

____

____

② Welche Aufgaben löst du mit dem Taschenrechner?
Kreuze sie an und rechne. Löse die restlichen Aufgaben im Kopf.

- ☐ Rechne: 347 + 2859 = ____________
- ☐ Überschlage: 2851 + 3114 + 190
  Ü: ____________
- ☐ Rechne: 5 · 9 = ____________
- ☐ Überschlage: 56168 : 8
  Ü: ____________
- ☐ Rechne: 198 + 472 = ____________
- ☐ Rechne: 763 · 38 = ____________

③ Das Herz einer Maus schlägt bis zu 650-mal pro Minute,
das eines Grauwals bis zu 8-mal in einer Minute.

a) Ergänze die Tabelle.

	1 Minute	1 Stunde	1 Tag	1 Woche
Maus				
Grauwal				

b) Wie viele Herzschläge hat die Maus pro Tag mehr? ____________

④ Nur einige Tasten des Taschenrechners dürfen benutzt werden.

a) Benutzte nur die Tasten [4] [+] [−] [×] [÷] [=]
Wie erreichst du die Zahl 24?
Notiere die Tastenfolge. [4] [ ] ____________

b) Multipliziere 347 mit 18, ohne die Taste [8] zu benutzen.
Notiere die Tastenfolge. ____________

c) Dividiere 6516 durch 12, ohne die Taste [2] zu benutzen.
Notiere die Tastenfolge. ____________

SB ▸ 80/81 E ▸ 41 A ▸ 41

① Rechne mit Überschlag und Probe.

a) Ü:

153,85 € : 5 =

P:

b) Ü:

238,80 m : 6 =

P:

② Überschlage, rechne und schreibe einen Antwortsatz.

a) Lena hat mit ihren Eltern von Montag bis Samstag eine Radtour gemacht. Dabei haben sie genau 212,4 km zurückgelegt. Welche Strecke sind sie im Durchschnitt an einem Tag gefahren?

ⓑ Eine Laufstrecke von 4,2 km soll in fünf gleich lange Abschnitte eingeteilt werden. Wie lang ist ein Abschnitt?

③ Berechne jeweils den Grundpreis (1 kg, 1 l).

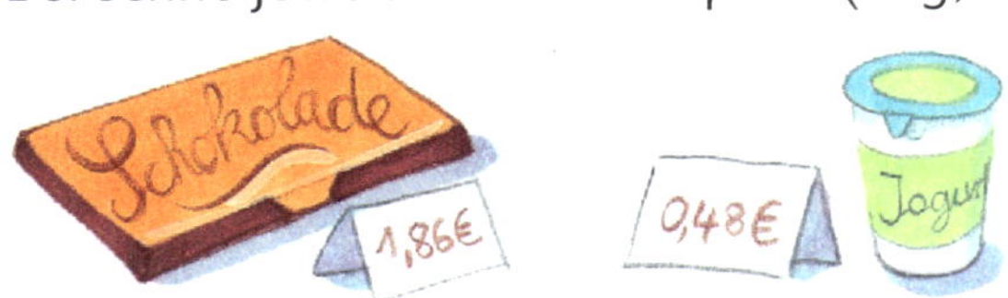

a)

Menge (g)	100	500	1000
Preis (€)	1,86		

ⓑ

Menge (ml)	50	100	150	1000
Preis (€)			0,48	

(1) a) Setze das Parkettmuster in alle Richtungen fort.

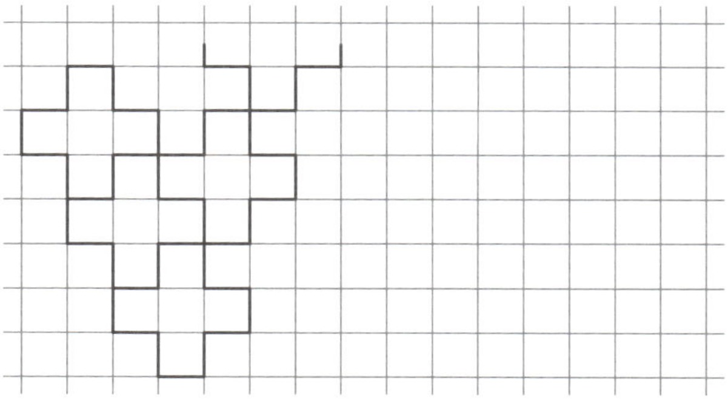

(b) Erfinde ein eigenes Parkettmuster aus zwei verschiedenen Formen.

(2) Parkettiere die Flächen mit Hilfe des Geodreiecks. Bestimme jeweils den Flächeninhalt.

a)

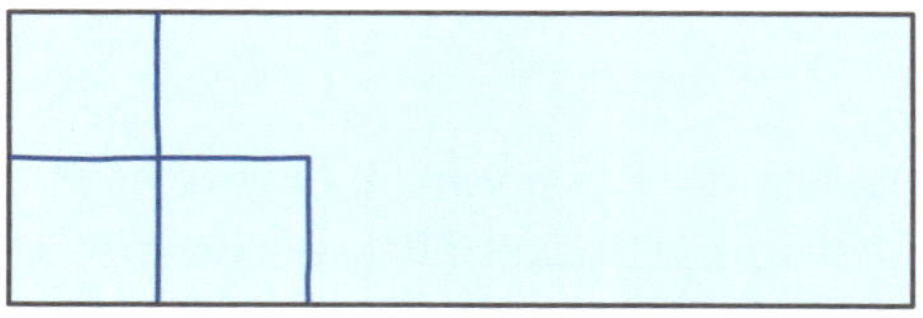

____ Quadratzentimeter

b)

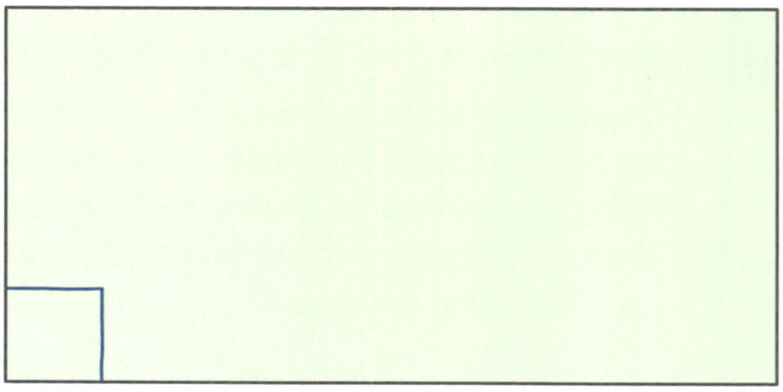

____ Quadratzentimeter

(c)

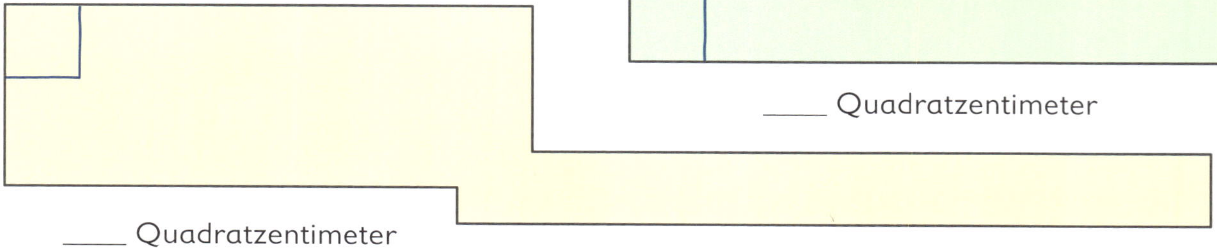

____ Quadratzentimeter

(3) Zeichne die Rechtecke und vervollständige die Tabelle.

	a)	b)	c)	d)	e)	f)
Länge (cm)	4	5	6	3		
Breite (cm)	2	2,5	1	2		
Flächeninhalt in Quadratzentimetern					14	9

Im Landschulheim machen die Kinder am Abend ein Leseprojekt zum Thema „Märchen".

(1) Die Prinzessin auf der Erbse schläft auf einem 20 m hohen Matratzenberg. Die Matratzen haben die Farben rot, gelb, grün und blau. Die roten Matratzen sind zusammen 6 m hoch, dreimal so hoch wie die gelben Matratzen. Die blauen Matratzen sind 3 m höher als die gelben Matratzen.
Wie hoch sind die grünen Matratzen?

Vervollständige die Skizze. Male. Rechne.

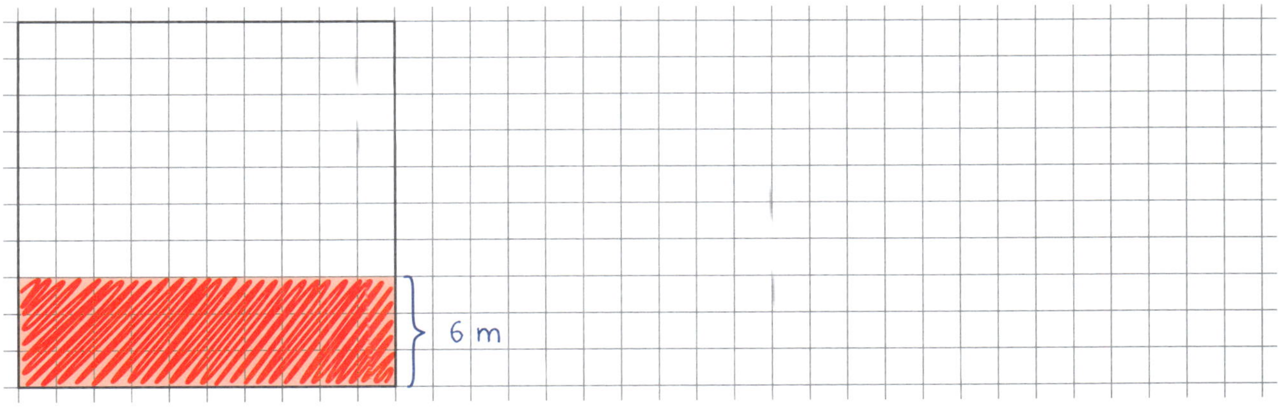

(2) Die böse Stiefmutter von Hänsel und Gretel läuft mit den Kindern 2 000 m kreuz und quer durch den Wald. Hänsel legt alle 20 m einen Kieselstein auf den Weg. Die Steine helfen den Kindern den Weg zurückzufinden.
Wie viele Kieselsteine braucht Hänsel?

(M) Zeichne eine Skizze oder nutze eine Tabelle.

Skizzen und Tabellen

① Rapunzels Haar ist 26 m lang. Jeden Tag wächst es 2 m.
Alle 6 Monate schneidet sie 3 m von ihrem Haar ab.
Wie lang ist ihr Haar nach 3 Jahren und 9 Monaten?

Nutze eine Tabelle.

② Rumpelstilzchen hilft einem Mädchen, aus Stroh Gold zu spinnen.
In der Nacht zum Dienstag spinnt Rumpelstilzchen halb so viel Gold wie in der folgenden Nacht.
In der Nacht zum Donnerstag spinnt es genauso viel wie in der ersten Nacht.
In der Nacht zum Freitag stellt es 24 kg Gold her, dreimal so viel wie in der Nacht zum Mittwoch.
In der Nacht zum Samstag kommt Rumpelstilzchen zum letzten Mal und schafft halb so viel wie in der Nacht zuvor.

Wie viel Gold hat Rumpelstilzchen gesponnen?

SB ▸ 96/97 E ▸ 49 A ▸ 49

① Welche Teile gehören zusammen? Verbinde.

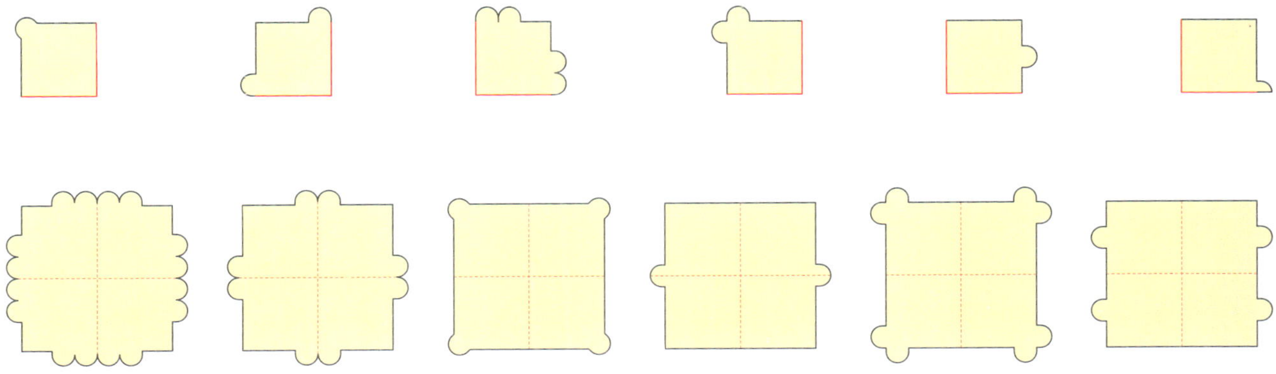

② Spiegle zuerst an einer Achse. Spiegle dann alles an der zweiten Achse.

a)

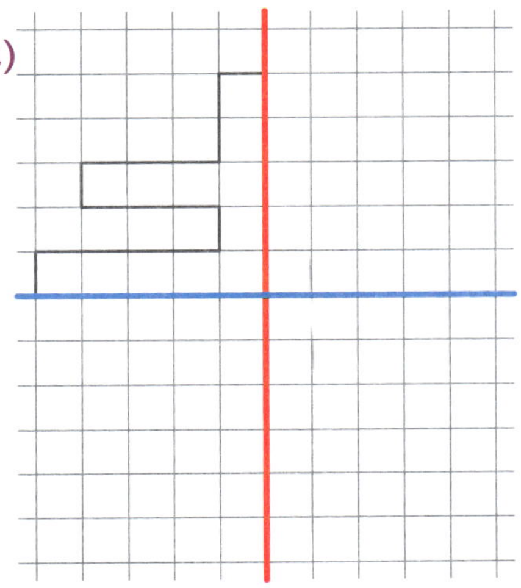

b)

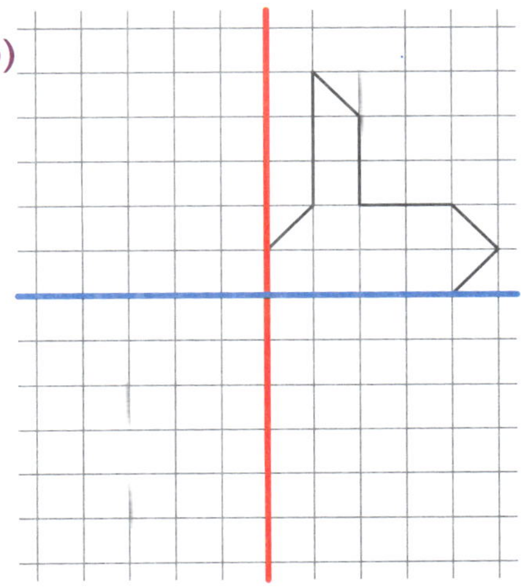

c)

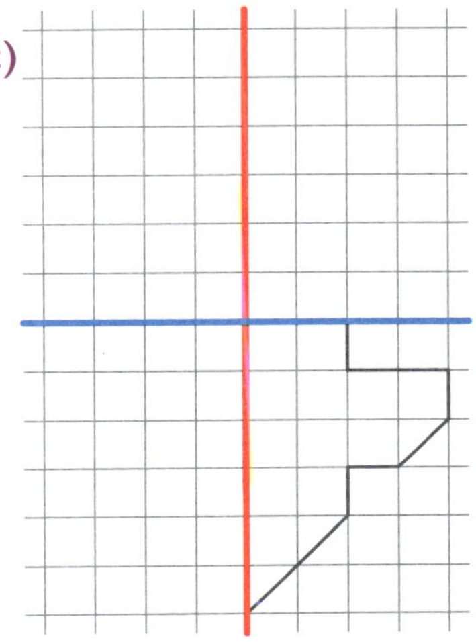

③ Ergänze die Muster achsensymmetrisch.

a)

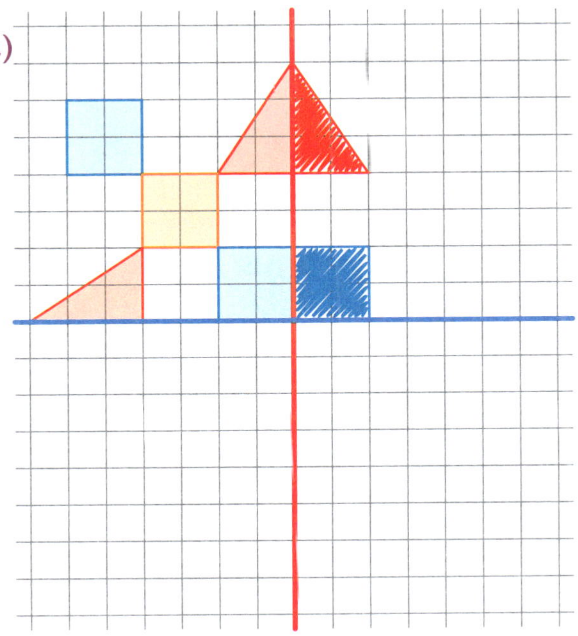

b)

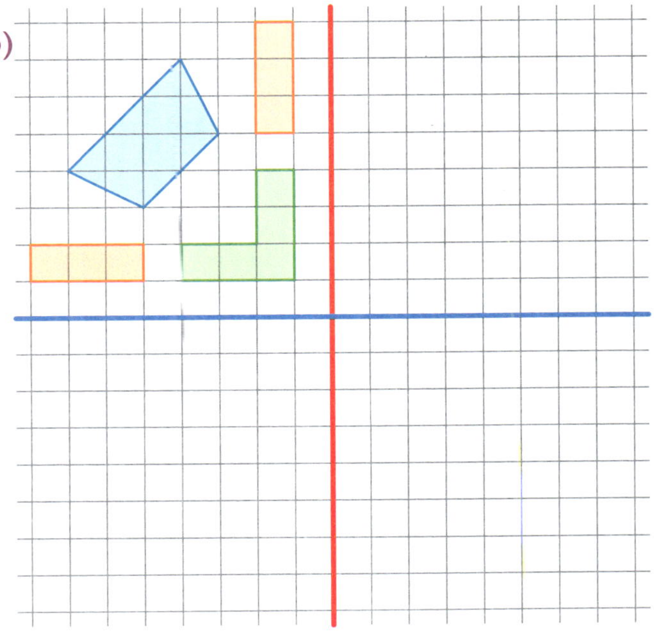

Drehsymmetrie

(1) Welche Buchstaben sind achsensymmetrisch oder/und drehsymmetrisch?
Kreise achsensymmetrische Buchstaben rot und drehsymmetrische Buchstaben blau ein.

A B C D E F G H I J K L M
N O P Q R S T U V W X Y Z

(2) Notiere einige drehsymmetrische Gegenstände aus deiner Umgebung.

(3) Ergänze zu drehsymmetrischen Figuren.

a)
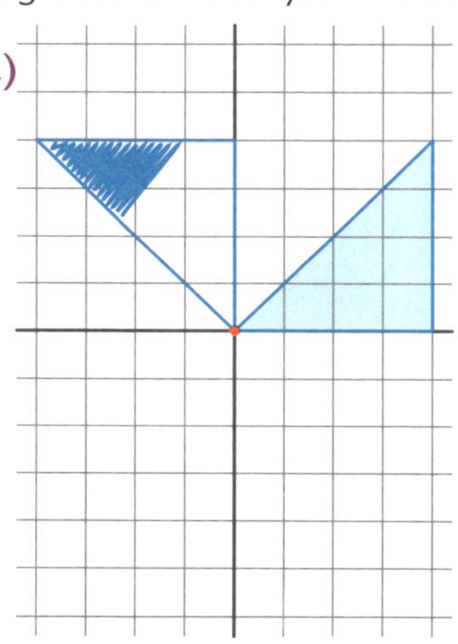

b)
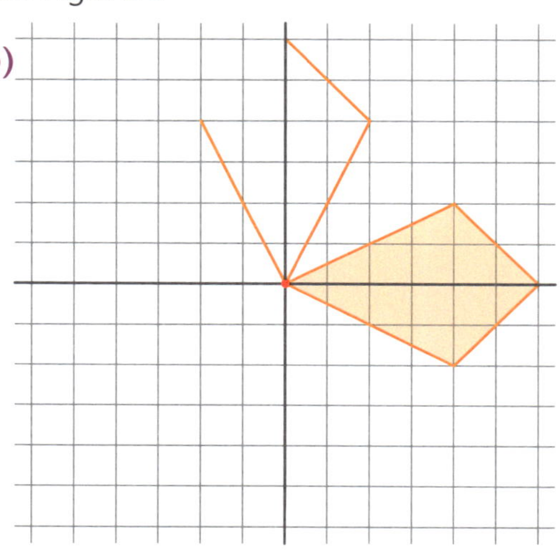

c)
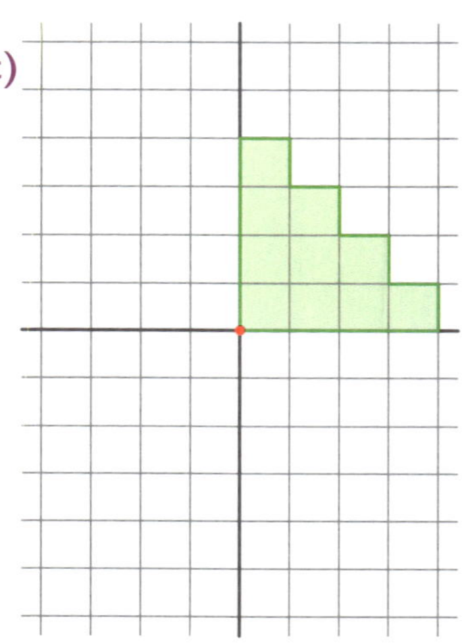

d)
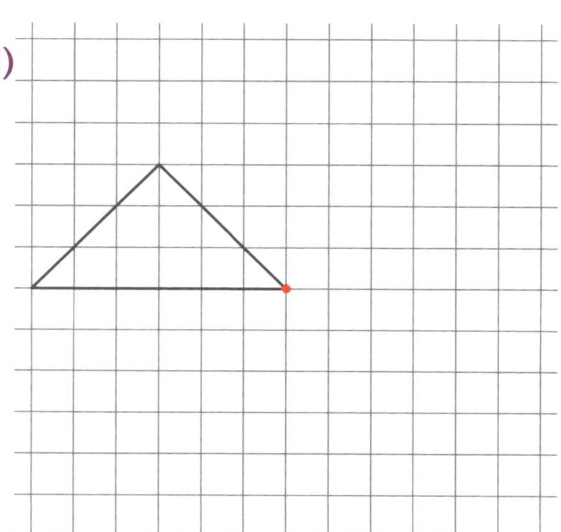

e)
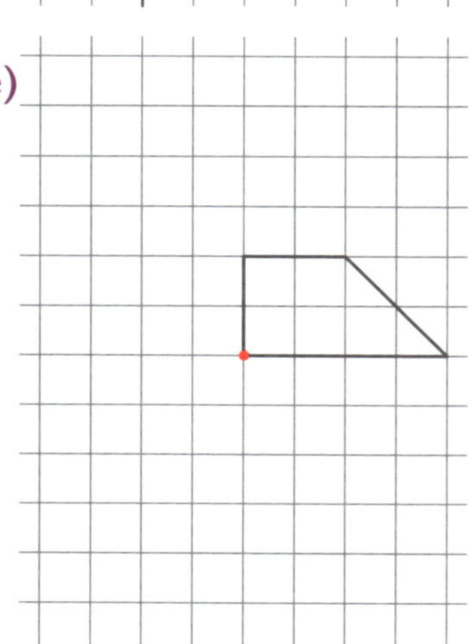

f)
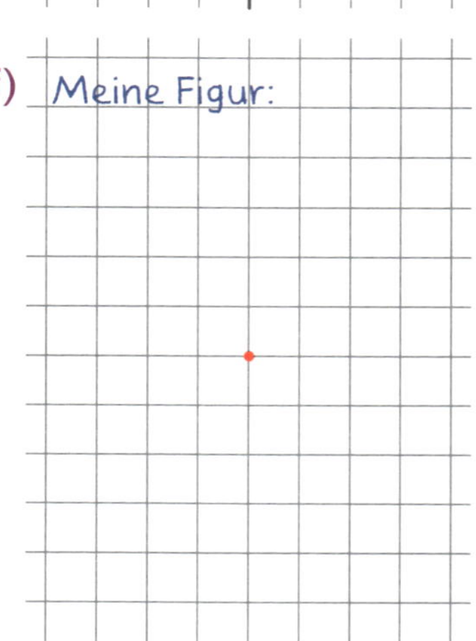

SB▶99 E▶50 A▶50

(1) Zeichne diese Figuren in doppelter Größe. Male sie aus.

a)

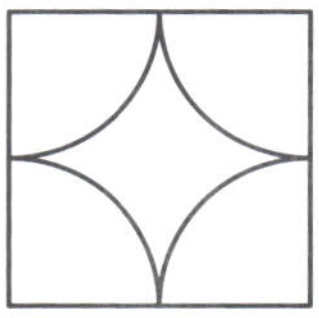

b)

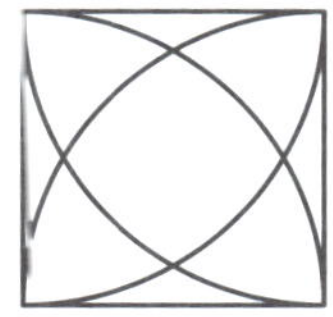

c)

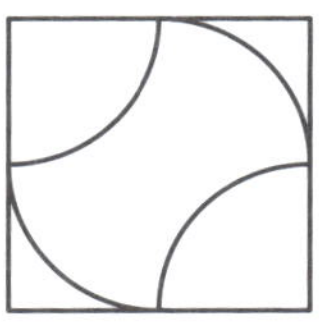

d) Denke dir eine eigene Figur aus.

(2) Setze die Bandornamente fort. Male sie aus. Zeichne ein eigenes Ornament.

a)

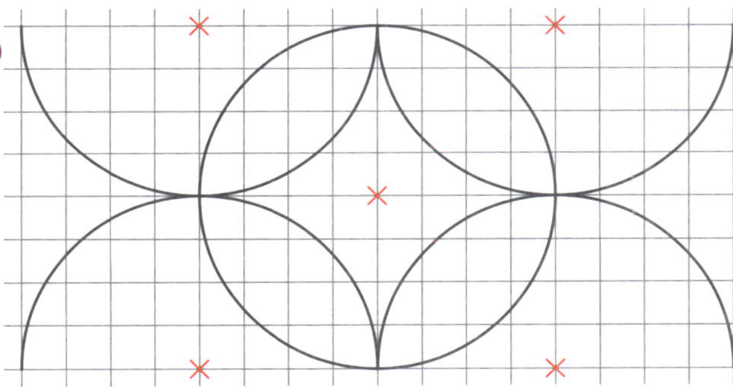

b)

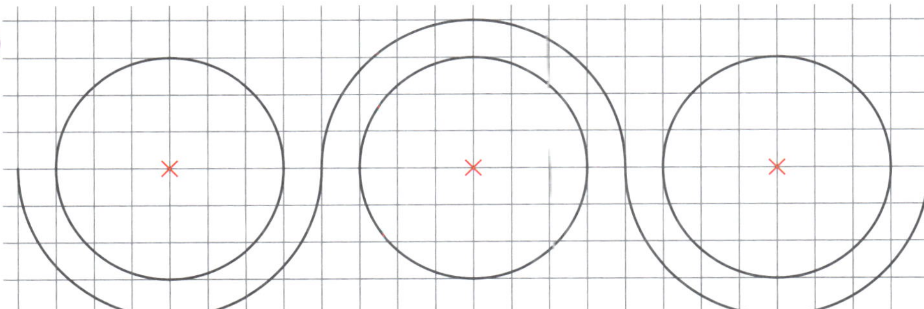

c)

Vielfache und Teiler

(1) Vielfache

57	67	12	68	77	(6)	60	9	51	61	52	62	37	63	18	64	19	65	56	66
75	45	76	46	59	47	78	48	79	49	80	50	(8)	41	72	42	73	43	74	44
31	(5)	32	69	33	7	34	71	35	70	36	10	53	1	38	2	39	3	40	4
11	27	58	28	13	29	14	30	15	21	16	22	17	23	54	24	55	25	20	26

a) Kreise alle Vielfachen von 5 rot ein. Notiere sie der Größe nach.

V_5 = 5, ____________________

b) Kreise alle Vielfachen von 6 blau, alle Vielfachen von 8 grün ein. Notiere sie.

V_6 = 6, ____________________

V_8 = 8, ____________________

Gemeinsame Vielfache müssen mehrmals eingekreist sein.

c) Notiere die gemeinsamen Vielfachen von …

… 6 und 8: $V_{6,8}$ = ____________

… 5 und 6: $V_{5,6}$ = ____________

… 5 und 8: $V_{5,8}$ = ____________

… 5, 6 und 8: $V_{5,6,8}$ = ____________

(2) Notiere alle Teiler.

a) T_{12} = 1, ____________________

b) T_{16} = ____________________

c) T_{24} = ____________________

d) T_{50} = ____________________

Die Zahl 1 und die Zahl selbst sind immer Teiler.

(3) Welche Zahl passt nicht? Streiche sie durch und begründe kurz.

a) 81, 18, 27, 54, 37, 45, 99

____ ist nicht Vielfaches von ____.

b) 3, 30, 2, 5, 1, 4, 6, 15, 10

____ ist nicht Teiler von ____.

c) 28, 63, 56, 42, 84, 50, 35

____ ist nicht ____________ von ____.

(4) **a)** Sortiere die Zahlen in die passende Kiste. Nutze die Teilbarkeitsregeln.
Welche Zahlen musst du in mehrere Kisten schreiben?

19 1926 112 36402

30 831 1925

115 15 4312

b) Welche Zahl bleibt übrig? Warum? ____________________

____

1 Bestimme den Wert von x.

a)	b)	c)	d)
590 + x = 740 x = ______	1 520 − x = 980 x = ______	x · 40 = 320 x = ______	6 400 : x = 800 x = ______
830 + x = 1 250 x = ______	555 − x = 321 x = ______	x · 700 = 1 400 x = ______	1 000 : x = 10 x = ______
x + 641 = 911 x = ______	2 690 − x = 2 240 x = ______	50 · x = 300 x = ______	8 100 : x = 9 x = ______

2 Zahlenrätsel als Rechenketten

A Ich multipliziere meine Zahl mit 4 und halbiere sie anschließend. Ich erhalte 32.

x ⇄ (·4) ______ ⇄ (:2 / ·2) 32

x = ______

B Zu meiner Zahl addiere ich 150. Die Summe multipliziere ich mit 4 und erhalte 1 000.

x ⇄ (+) ______ ⇄ ______

x = ______

C Von dem Viertel meiner Zahl subtrahiere ich 222. Das Ergebnis ist 778.

x ⇄ ______ ⇄ ______

x = ______

3 Wie viele Lösungen?

a) Ordne die Ungleichungen vor dem Bestimmen der Lösungen zu und male sie in der passenden Farbe an.

b) Bestimme die möglichen Lösungen für x.

c) Finde selbst je ein Beispiel.

keine Lösung	mehrere Lösungen
genau eine Lösung	viele Lösungen

		8 · x < 72 L = ______	x + 124 > 200 L = ______
x + 420 < 350 L = ______	x · 250 < 500 L = ______	1 002 − x > 999 L = ______	5 677 · x > 28 L = ______
14 : x > 42 L = ______	601 − x > 598 L = ______	1 500 − x < 980 L = ______	3 399 + x < 3 400 L = ______
______ < ______ L = ______	______ > ______ L = ______	______ L = ______	______ L = ______

Forschen und entdecken

① Die Summe aller Zahlen in der 1. Hundertertafel hast du schon berechnet. Summe 1. Tafel: 5 050. Wie groß ist die Summe aller Zahlen in der 2. Hundertertafel? Beachte Super Ms Tipp.

Ich bilde Paare:
101 + 200 = 301
102 + 199 = ____
Es gibt ___ solcher Paare.

101	102	103	104	105	106	107	108	109	110
111	112	113	114	115	116	117	118	119	120
121	122	123	124	125	126	127	128	129	130
131	132	133	134	135	136	137	138	139	140
141	142	143	144	145	146	147	148	149	150
151	152	153	154	155	156	157	158	159	160
161	162	163	164	165	166	167	168	169	170
171	172	173	174	175	176	177	178	179	180
181	182	183	184	185	186	187	188	189	190
191	192	193	194	195	196	197	198	199	200

Summe 2. Tafel: ____________

② Wie groß ist die Summe aller Zahlen in der 3. Hundertertafel? Rechne geschickt.

201	202	203	204	205	206	207	208	209	210
211	212	213	214	215	216	217	218	219	220
221	222	223	224	225	226	227	228	229	230
231	232	233	234	235	236	237	238	239	240
241	242	243	244	245	246	247	248	249	250
251	252	253	254	255	256	257	258	259	260
261	262	263	264	265	266	267	268	269	270
271	272	273	274	275	276	277	278	279	280
281	282	283	284	285	286	287	288	289	290
291	292	293	294	295	296	297	298	299	300

Summe 3. Tafel: ____________

③ Vergleiche die Summen aus der 1., 2. und 3. Hundertertafel. Was stellst du fest?

____

Wie groß ist die Summe aller Zahlen in der 4. Hundertertafel? ____________

④ Kannst du nun die Summe aller Zahlen in der Tausendertafel (also die Summe aller 10 Hundertertafeln) berechnen? Summe Tausendertafel: ______________

SB ▸ 106/107 E ▸ 54 A ▸ 54

(1) Im Ausflugspark Schönbusch können Kinder auf Ponys reiten. Es werden drei verschiedene Touren angeboten. Um 10 Uhr starten alle drei Ponys ihre erste Tour.
Wann treffen sie wieder alle gemeinsam beim Ponystall ein?

Stelle deinen Lösungsweg dar.

(2) Ein Tank fasst 23 000 Liter Wasser. Er wird durch drei Rohre gefüllt. In einer Stunde fließen durch Rohr **A** 1800 l Wasser in den Tank, durch Rohr **B** 1200 l und durch Rohr **C** 1600 l.
Wie lange dauert es, bis der Tank gefüllt ist?

(3) Ein Schiff wird von zwei Kränen mit Containern beladen. Der große Kran allein würde 12 Stunden brauchen, um das Schiff zu beladen. Der zweite, nicht so leistungsfähige Kran würde allein 24 Stunden benötigen.
Wie viele Stunden dauert die Beladung, wenn beide Kräne gleichzeitig arbeiten?

SB ▸ 108/109 E ▸ 55 A ▸ 55

Sachrechnen – Die Meyer Werft

① Ergänze den Text mit den passenden Zahlen.

Die Meyer Werft in Papenburg baute in den Jahren __2007__ und ______ das Kreuzfahrtschiff *Celebrity Solstice*. Es ist ______ lang und ______ breit. Es ist damit das größte und mit ______________ auch das teuerste Kreuzfahrtschiff, das je in Deutschland gebaut wurde. Das Schiff hat ______ Decks und es können ______ Passagiere auf ihm mitfahren. Mit einer Geschwindigkeit von __________________________ fährt es in der Karibik und im Mittelmeer.

17 | 2852 | 317 m | 37 m | 45 Kilometer pro Stunde | ~~2007~~ | 2008 | 616 000 000 €

② **Kreuzfahrtrouten griechische Inselwelt – 10 Nächte ab/bis Civitavecchia**

Tag	Stationen der Reise	Ankunft	Abfahrt
1	Erholung auf See		18:00
2	Messina, Sizilien	10:00	18:00
3	Erholung auf See		
4	Athen, Griechenland	07:00	19:00
5	Mykonos, Griechenland	07:00	17:00
6	Kusadasi, Türkei	07:00	19:00
7	Rhodos, Griechenland	09:00	18:00
8	Santorin, Griechenland	07:00	18:00
9	Erholung auf See		
10	Neapel, Italien	07:00	18:00
11	Civitavecchia, Italien	04:00	

a) Zeichne die Reiseroute in der Karte ein.

b) Was willst du wissen? Schreibe mindestens zwei Fragen auf und löse deine Aufgaben. Was weißt du jetzt?

SB ▸ 112/113 E ▸ 57 A ▸ 57

① Ergänze.

a)

I	II		IV				VIII	IX					XIV					XIX
1		3		5	6				10	11				15				

b)

	XX		XL					XC	
10		30		50		70	80		100

c)

C			CD					CM	
	200			500		700			1000

② Schreibe mit unseren arabischen Ziffern.

a) LX = 60
MMII = ______
LXIX = ______
MCM = ______

b) MMD = ______
DLV = ______
CLIV = ______
DXIV = ______

③ Schreibe mit römischen Zahlzeichen.

a) 108 = ______
119 = ______
254 = ______
435 = ______

b) 2060 = ______
1053 = ______
1450 = ______
2509 = ______

④ Übersetze die Zahlen.

Durch die Zusammenlegung mehrerer Dörfer wurde die Stadt Rom im Jahr DCCLIII v. Chr. (753 v. Chr.) gegründet. Rom entstand auf VII (______) Hügeln, die kaum mehr als L (______) Meter hoch waren.
Die Römer führten viele Kriege. Bald gehörte ganz Italien zum Römischen Reich und um CXXXIII v. Chr. (______ v. Chr.) gehörten alle Länder rund um das Mittelmeer dazu. Nachdem der lange Zeit angesehene Diktator Julius Cäsar XLIV v. Chr. (______ v. Chr.) ermordet wurde, wurde Augustus im Jahr XXVII v. Chr. (______ v. Chr.) zum ersten Kaiser Roms.
CCCXCV n. Chr. (______ n. Chr.) kam es zur Teilung des Römischen Reiches. Der letzte weströmische Kaiser wurde CDLXXVI n. Chr. (______ n. Chr.) abgesetzt. Danach gab es kein Weströmisches Reich mehr.

⑤ Bestimme die Zahlen oder zeichne passende Knotenschnüre.

a)
T 4000
H 300
Z 50
E 2

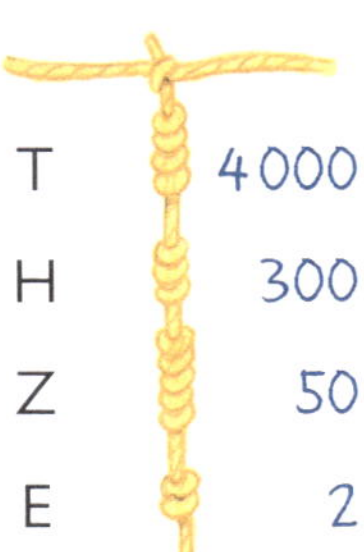

4352

b)

______

c)

______

d)

5245

e)
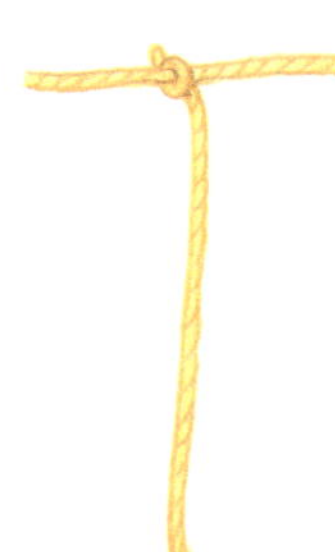

3120

SB ▸ 114/115 E ▸ 58 A ▸ 58

① Mit Hilfe des Karorasters kannst du Figuren selbst vergrößern. Vergrößere die Schrift im Maßstab 3 : 1. Beachte auch die Abstände.

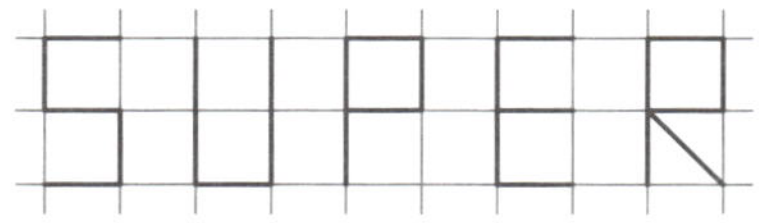

② Wie groß sind die Tiere in Wirklichkeit?

1 : 500

1 : 400

1 : 30

1 : 50

	Blauwal	Riesenhai	Giraffe	Großer Panda
Bild	4 cm			
Wirklichkeit	4 cm · 500 = 2 000 cm = 20 m			

③ Verkleinere die Figuren im Maßstab 1 : 2.

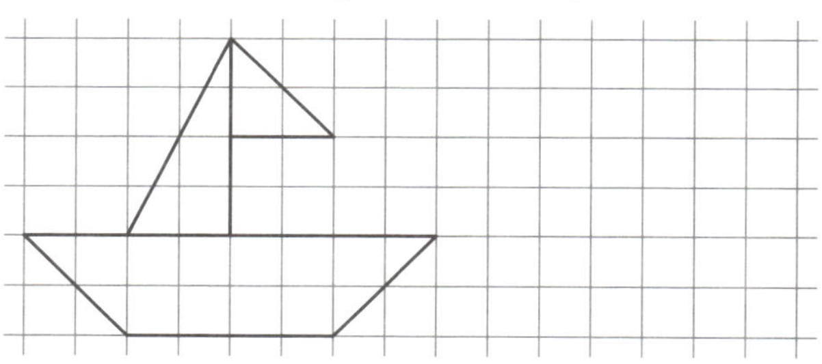

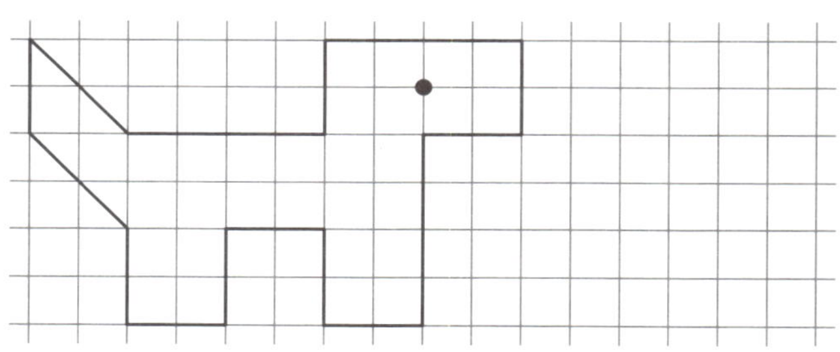

④ Ergänze die fehlenden Angaben.

Bild	5 cm	60 cm			30 cm	4 cm
Wirklichkeit	50 cm	6 cm	1,50 m	5 m		
Maßstab	1 : 10		1 : 10	1 : 100	10 : 1	1 : 20

SB ▸ 116/117 E ▸ 59 A ▸ 59

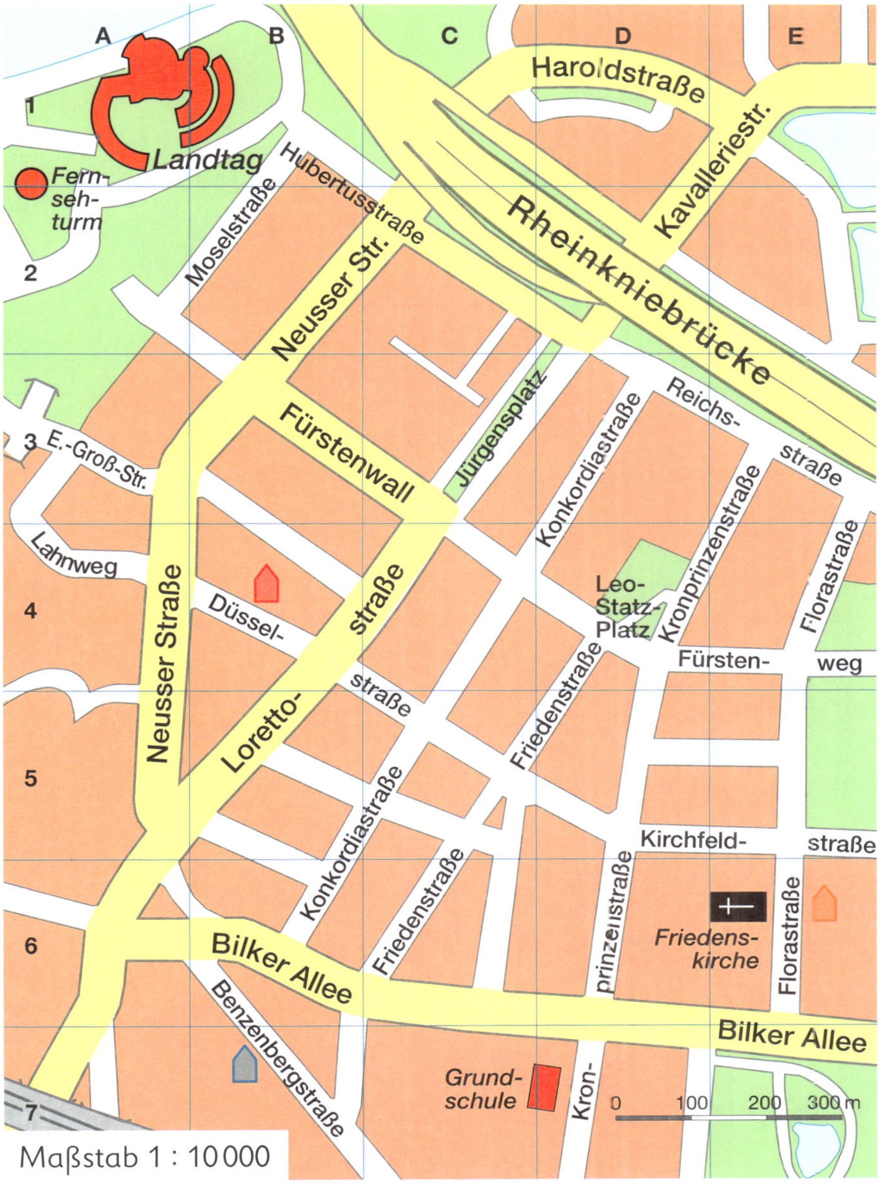

① a) Wer wohnt wo?
Schreibe die richtigen Namen zu den Häusern.
Leon wohnt in der Benzenbergstraße.
Finn wohnt direkt gegenüber der Kirche.
Die Wohnung von Lars und seinen Eltern liegt in der Düsselstraße.

(orange Haus) ____________
(rotes Haus) ____________
(blaues Haus) ____________

b) Sophie wohnt am Leo-Statz-Platz.
Er liegt im Planquadrat ____.
Zeichne ihr Haus mit Grün ein.

c) In welchem Planquadrat liegt …

… die Schule? ____
… die Kirche? ____
… das Haus von Leon? ____
… das Haus von Lars? ____

② a) Zeichne den kürzesten Schulweg für Leon in Rot ein.
Zeichne Sophies kürzesten Schulweg in Grün ein.

b) Miss die Länge der Schulweg aller Kinder. Berechne ihre wirkliche Länge.

	Leon	Sophie	Lars	Finn
Länge in der Karte				
Länge in Wirklichkeit				

c) Leons Klasse macht einen Ausflug zum Landtag und zum Fernsehturm. Zeichne von der Schule aus einen möglichst kurzen Weg ein. Berechne die wirkliche Länge des Weges.

____

SB ▸118/119 E ▸60 A ▸60

Schrägbilder

① Würfelbauten in Schrägansicht. Zeichne in die Umrisse die einzelnen Würfel in Schrägansicht.

a)

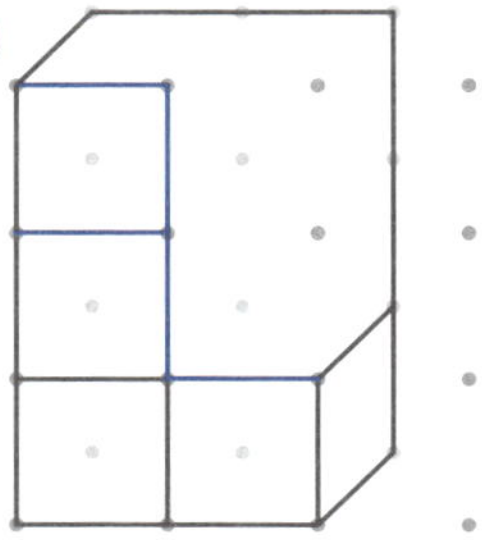

b)

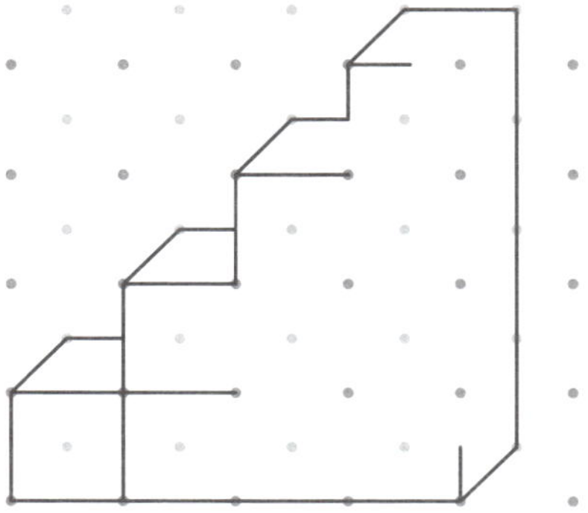

c)

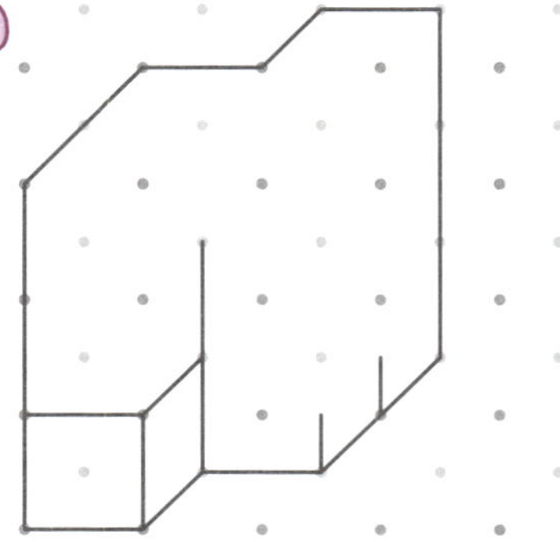

② Hier siehst du zwei Gebäude aus Somateilen als Schrägansicht und von oben.
Baue die Soma-Gebäude nach und färbe die Schrägbilder in der richtigen Farbe.

a)

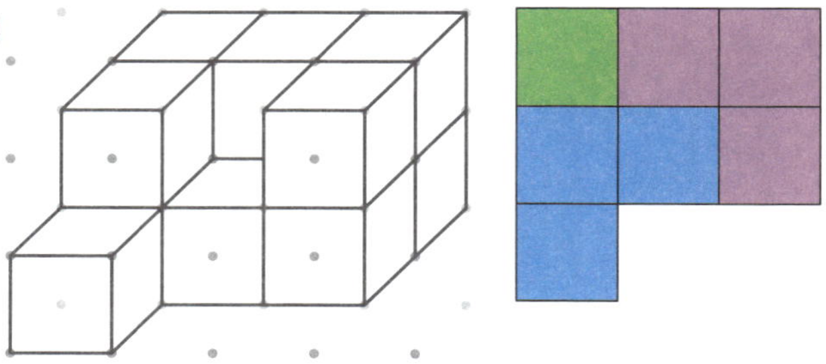

b)

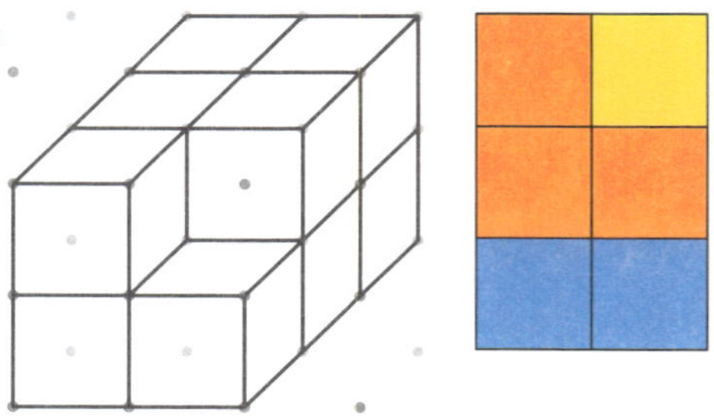

③ Zeichne verschiedene Ansichten des Drillings. Zeichne ihn von allen vier Seiten.

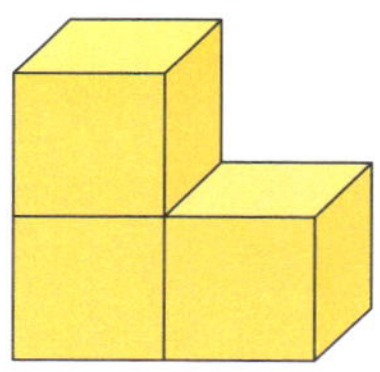

④ Baue die Figuren aus Somateilen nach und färbe die Schrägbilder richtig ein.

a)

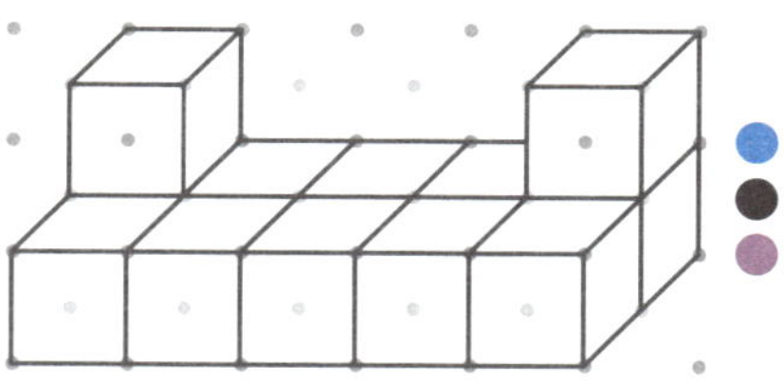

b)

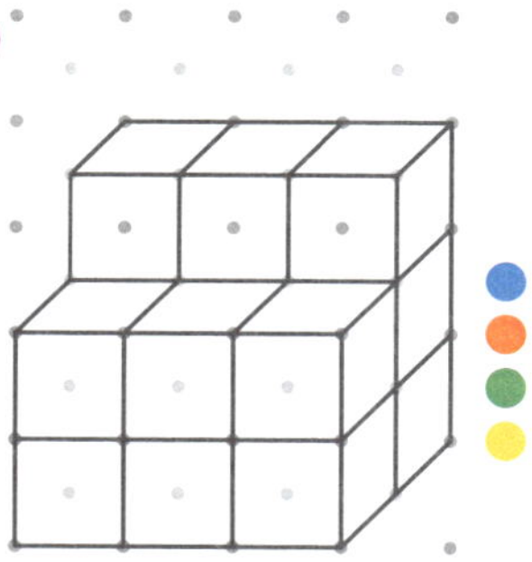

c)

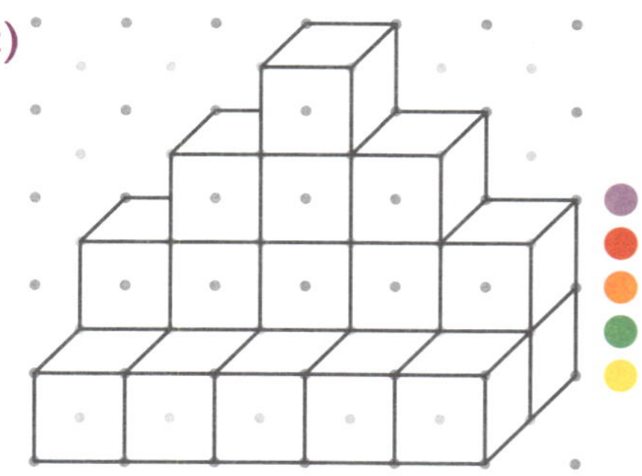

SB ▸ 120/121 E ▸ 61 A ▸ 61

(1) Male das Rautenbild mit höchstens drei Farben aus.
Versuche ein Muster sichtbar zu machen.
Beschreibe, was dir auffällt.

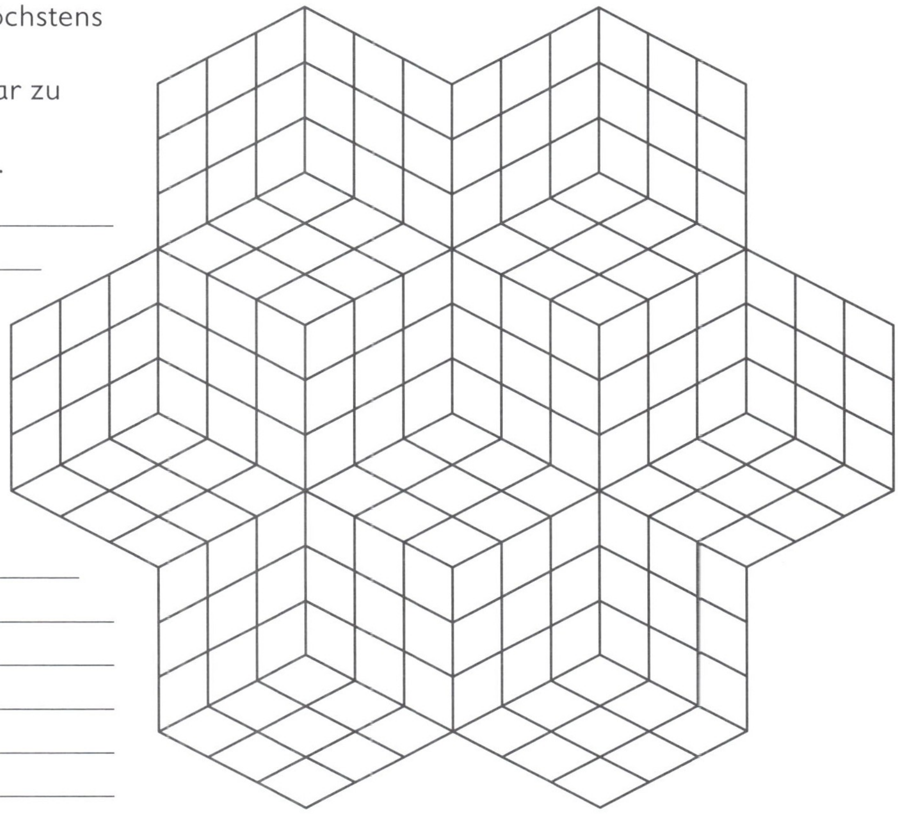

(2)

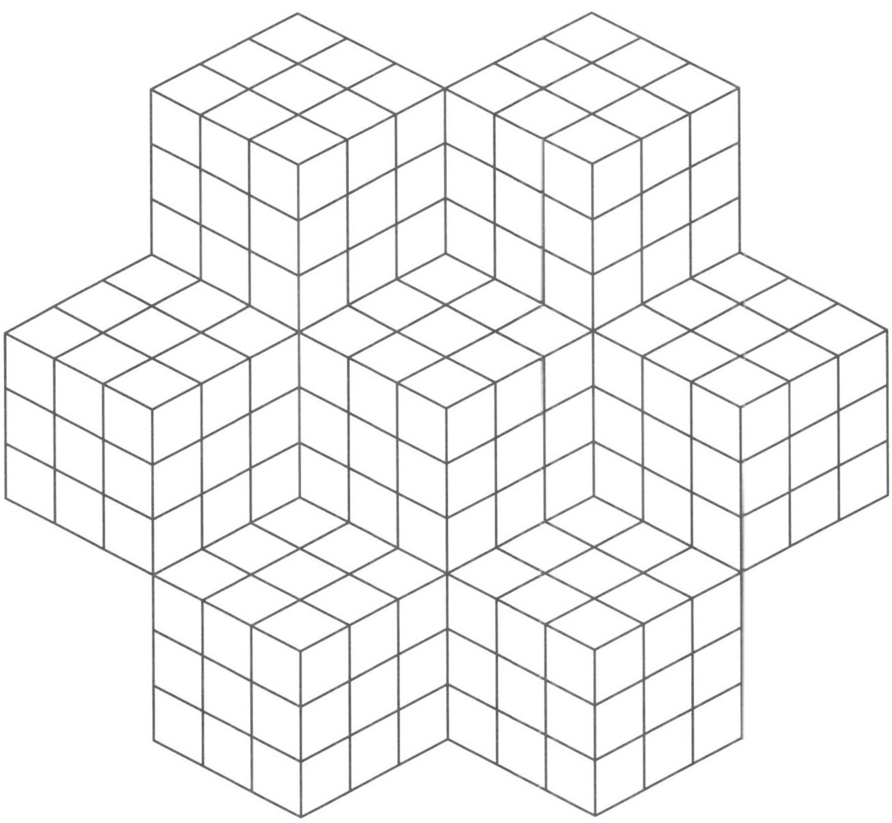

Wo siehst du die 3-mal-3-Würfel ?

Male so an, dass sie sichtbar werden.
Vergleiche mit den Bildern der anderen Kinder.

Grundwissen Multiplikation und Division / Geometrie

(1) Ich kann schriftlich multiplizieren. Vor der Rechnung mache ich einen Überschlag.

a) 5966 · 8 = ______________ **b)** 396,38 € · 9 = ______________

(2) Ich kann schriftlich dividieren. Vor der Rechnung mache ich einen Überschlag.

a) 8850 : 30 = __________ **b)** 952,40 € : 8 = __________

(3) Ich kenne die Fachbegriffe „senkrecht“, „parallel“ und „rechter Winkel“.

a) Markiere zueinander parallele Geraden blau.

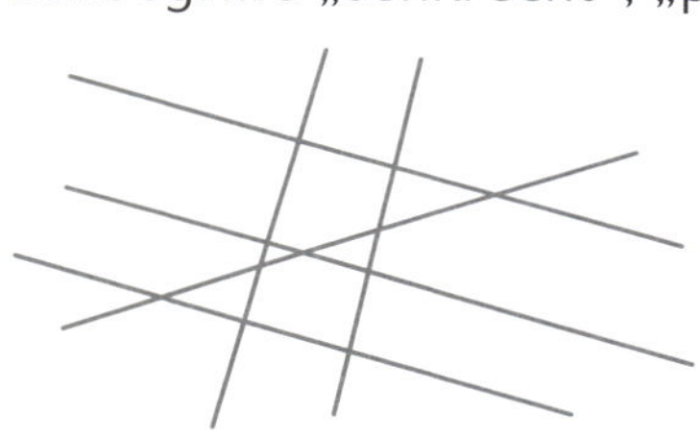

b) Markiere zueinander senkrechte Geraden rot. Kennzeichne rechte Winkel so: ⊾.

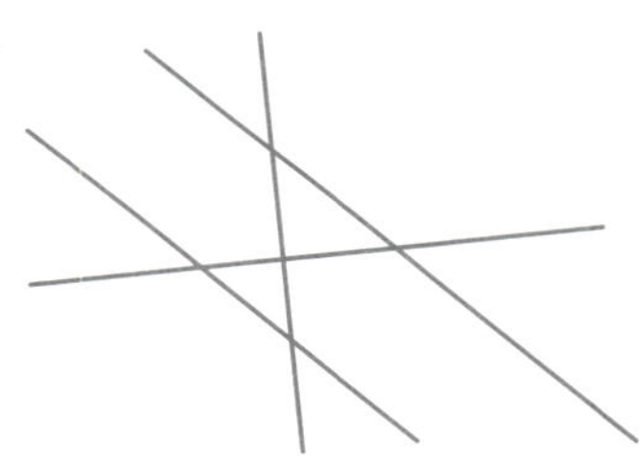

(4) Ich kann den Umfang und den Flächeninhalt bestimmen.

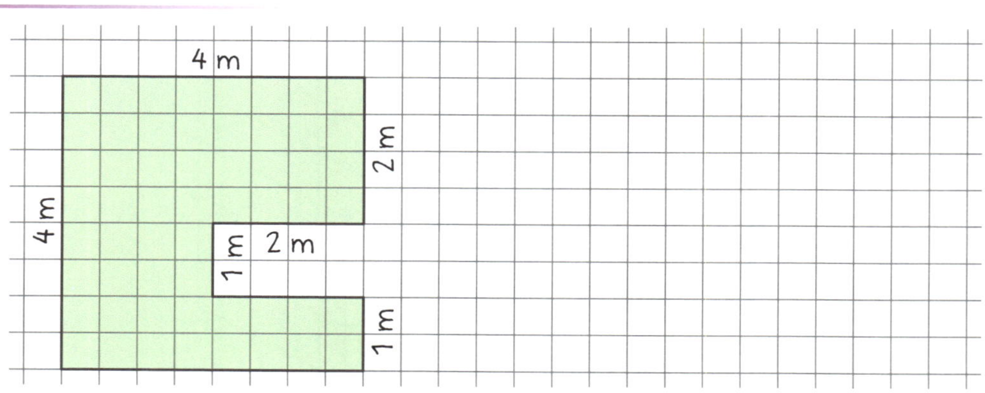

SB ► 124/125 E ► 63 A ► 63

Grundwissen Größen / Sachrechnen

① Ich kann Längen in verschiedenen Schreibweisen angeben.

a)

m		cm	
1	5	6	5

15 m 65 cm = ________ m = ________ cm

____ m ______ cm = 6,66 m = ________ cm

____ m ______ cm = ________ m = 65 cm

____ m ______ cm = $\frac{1}{4}$ m = ________ cm

b)

km	m		
8	6	7	0

8 km 670 m = ________ km = ________ m

____ km ______ m = 18,950 km = ________ m

____ km ______ m = ________ km = 75 m

____ km ______ m = $\frac{3}{4}$ km = ________ m

② Ich kann das Volumen in verschiedenen Schreibweisen angeben.

a)

l	ml		
3	5	0	0

3 l 500 ml = ________ l = ________ ml

____ l ______ ml = ________ l = 2 050 ml

____ l ______ ml = 16,8 l = ________ ml

____ l ______ ml = ________ l = 23 250 ml

b)

1 l = ______ ml

$\frac{3}{4}$ l = ______ ml

$\frac{1}{8}$ l = ______ ml

$1\frac{1}{2}$ l = ______ ml

③ Ich kann Daten aus Tabellen entnehmen und in Diagrammen darstellen.

Der jährliche Verbrauch an Schulmilch in den einzelnen Bundesländern wird in Tonnen (t) angegeben.

Berlin (B)	3 007 t
Baden-Württemberg (BW)	794 t
Hessen (HE)	1 660 t
Niedersachsen (NI)	3 916 t
Nordrhein-Westfalen (NW)	15 764 t
Schleswig-Holstein (SH)	1 073 t

a) Ordne die Gewichtsangaben der Größe nach.

____

____

b) Stelle die Informationen in einem Balkendiagramm dar. Runde die Zahlen zunächst auf Tausender.

B ≈ 3000 t

BW ≈ ________

HE ≈ ________

NI ≈ ________

NW ≈ ________

SH ≈ ________

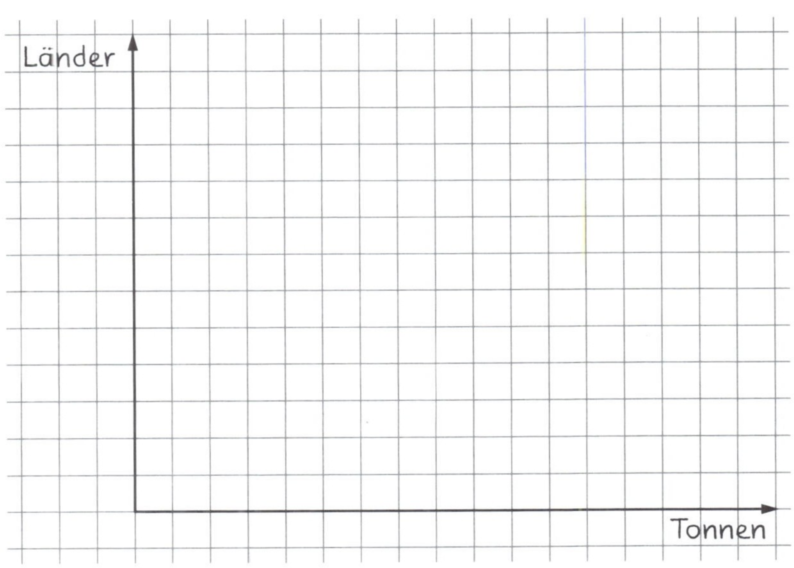

SB ▸ 126/127 E ▸ 64 A ▸ 64

Super M
Arbeitsheft
4

Herausgegeben von: Klaus Heinze, Ursula Manten, Gudrun Hütten

Erarbeitet von: Christiane Audick, Heidi Dietz, Bettina Egbers, Matthia Gratzki, Kerstin Hänsel, Klaus Heinze, Ursula Manten, Maike Teusen, Nicole Wolters

Redaktion: Nadine Marx

Illustrationen: Martina Leykamm, im Arbeitsheft 4 weitergeführt von Eve Jacob, Dorothee Mahnkopf (Super M)

Layoutkonzept: hawemannundmosch

Layout und technische Umsetzung: Katrin Tengler

Umschlaggestaltung: Ines Schiffel

Bildredaktion: Peter Hartmann

Bildnachweis:
S. 30 Fotolia/Paul Wolf, Pascal Martin, picture-alliance/ZB/Jan Woitas;
S. 50 www.muehlenroute.de; S. 56 Meyerwerft Papenburg/Pressebild, Dr. Volkhard Binder, Berlin;
S. 58 Wikipedia/NOAA/ToB, picture-alliance/OKAPIA/Richard Ellis, Fotolia/Andreas Edelmann, picture-alliance/dap/MAXPPP/ChinaFotopress; S. 59 Dr. Volkhard Binder, Berlin

Bestandteile des Lehrwerks Super M für das 4. Schuljahr

Schülerbuch 4 mit Kartonbeilagen	978-3-06-081340-7
Arbeitsheft 4	978-3-06-081344-5
Arbeitsheft 4 mit CD-ROM	978-3-06-081348-3
Einstiege/Aufstiege 4	
Arbeitsblätter zur Differenzierung	978-3-06-081431-2
Einstiege 4	978-3-06-081485-5
Aufstiege 4	978-3-06-081486-2
Handreichungen für den Unterricht mit Lehrermagazin	978-3-06-081352-0
Kopiervorlagen mit CD-ROM	978-3-06-081415-2
Im Paket:	
Handreichungen für den Unterricht mit Lehrermagazin und Kopiervorlagen mit CD-ROM	978-3-06-081488-6

www.cornelsen.de

1. Auflage, 1. Druck 2009

Druck: Druckhaus Berlin-Mitte GmbH

Arbeitsheft 4 ISBN 978-3-06-081344-5
Arbeitsheft 4 mit CD-ROM ISBN 978-3-06-081348-3

Inhalt gedruckt auf säurefreiem Papier aus nachhaltiger Forstwirtschaft.

Liebe Schülerin, lieber Schüler,

so kannst du mit diesen Aufgaben üben:

- Schreibe immer zuerst deinen Namen und das Datum oben auf die Linien.
- Lies jede Aufgabe in Ruhe durch.
- Du kannst dir Notizen auf einem Übungspapier machen.
- Du darfst auch Hilfsmittel benutzen.
- Wenn du mit einer Aufgabe gar nicht zurechtkommst, mache bei der nächsten weiter und versuche es später noch einmal.
- Es können Aufgaben vorkommen, die du noch nicht kennst. Versuche es trotzdem. Wenn du gar nicht weiterkommst, frage jemanden um Hilfe.
- Wenn du mit einem Übungstest fertig bist, dann kannst du dein Ergebnis selbst beurteilen. Es gibt drei „Noten", die du bei den Aufgaben ankreuzen kannst:
  ☺ Ich konnte die Aufgabe gut lösen.
  😐 Ich konnte die Aufgabe nur zum Teil lösen.
  ☹ Ich konnte die Aufgabe gar nicht lösen.

Sprich mit der Lehrerin/dem Lehrer oder mit deinen Eltern darüber, was du kannst und wo du vielleicht noch üben solltest.

Bei vielen Aufgaben sollst du etwas ausrechnen. Dein Ergebnis kannst du dann in die Felder eintragen.

Beispielaufgabe: 1 + 2 = [3]

Bei einigen Aufgaben sollst du die richtige Antwort ankreuzen.

Beispielaufgabe: Kreuze das richtige Ergebnis an.

1 + 2 = [ ]

0	1	2	3	4
☐	☐	☐	☒	☐

Wichtig: Meistens gibt es nur eine richtige Antwort.
Wenn mehrere Antworten richtig sind, dann wirst du darauf hingewiesen.
Kreuze **alle** richtigen Antworten an.

Und jetzt: Viel Spaß!

ISBN 978-3-06-080260-9

1. Auflage, 5. Druck

Wie bereite ich meine Schülerinnen und Schüler, wie bereite ich mein Kind auf die unbekannte Situation der neuen Lernstandserhebungen vor?

Liebe Lehrerinnen und Lehrer, liebe Eltern,

auch in den Grundschulen werden zukünftig bundesweit Lernstandserhebungen durchgeführt. Sie sollen die so genannten Standards überprüfen und wertvolle Hinweise für die Verbesserung der Lernleistungen sowie des Unterrichts geben.

Das erklärte Ziel der Lernstandserhebungen ist nicht das Erfassen der Leistungen einzelner Schülerinnen und Schüler, sondern die Qualitätssicherung und -steigerung des Unterrichts. Dennoch herrscht vielerorts eine gewisse Verunsicherung, denn für alle Beteiligten sind diese Lernstandstests völlig neu.

Mit den vorliegenden Lernstandsseiten möchten wir Ihre Kinder und Sie selbst bei der Vorbereitung der zentralen Lernstandserhebungen unterstützen.

Bei den zentralen Lernstandstests erfolgt die Bearbeitung der offiziellen Prüfungsaufgaben in einer vorgegebenen Zeit (z. B. in 90 Minuten). Sich über einen so langen Zeitraum auf Aufgaben zu konzentrieren, ist für viele Schülerinnen und Schüler möglicherweise neu. Das gilt auch für die Erfahrung, unter Zeitdruck zahlreiche, zum Teil noch unbekannte Aufgabenformate ohne Hilfsmittel bearbeiten zu müssen. Die vorliegenden Lernstandsseiten ermöglichen Ihren Schülerinnen und Schülern bzw. Ihrem Kind also eine Erfahrung, die im täglichen Unterricht fehlt: Sie bereiten mit sorgfältig ausgewählten, realitätsechten Aufgaben auf die ungewohnte Testsituation vor. Möglicherweise vorhandene Ängste werden abgebaut, die Kinder gewinnen Sicherheit gegenüber der Testsituation.

Eventuell noch vorhandene Lücken im Kenntnisstand werden sichtbar – und können durch geeignete Fördermaßnahmen geschlossen werden.

Je nach Verwendungssituation der vorliegenden Übungstests können die Kinder ihre Ergebnisse selbst beurteilen. Dazu dienen die so genannten Smileys in der Randspalte, neben den Testaufgaben. Die Erfahrung zeigt, dass Kinder recht schnell lernen, ihre Arbeitsergebnisse realistisch einzuschätzen. Auch dies gehört zu den Kompetenzen, die sie (nicht nur) in der Schule erwerben sollen. Selbstverständlich können Sie die Smileys auch selbst nutzen, um Ihren Schülerinnen und Schülern bzw. Ihrem Kind eine Rückmeldung zu den einzelnen Aufgaben zu geben.

Ihr Cornelsen Verlag

Wie ist mein Ergebnis?

1) Zahlen bilden

☺ 😐 ☹

4	7	8	3

Bilde mit den Ziffern vierstellige Zahlen, die größer als 7 500 sind. Schreibe alle Zahlen auf.

______

______

2) Zahlenrätsel

☺ 😐 ☹

a) Das Doppelte von 2 500 ist genauso groß wie die Hälfte von ______.

b) Der Unterschied zwischen der kleinsten vierstelligen Zahl und der größten dreistelligen Zahl ist ______.

c) Der Unterschied zwischen der größten vierstelligen Zahl und der größten dreistelligen Zahl ist ______.

d) Welche Zahlen zwischen 40 000 und 60 000 haben an allen Stellen gleiche Ziffern?
Es sind die Zahlen ______.

3) Zahlen verändern

☺ 😐 ☹

Lege zwei Plättchen an verschiedenen Stellen so hinzu, dass du

HT	ZT	T	H	Z	E
•••	•••• ••	••		•••	•

a) die größte Zahl: ______,

b) die zweitgrößte Zahl: ______,

c) die kleinste Zahl: ______,

d) die zweitkleinste Zahl: ______ erhältst.

☺ das kann ich gut lösen 😐 das kann ich nur zum Teil lösen ☹ das kann ich noch gar nicht lösen

Wie ist mein Ergebnis?

☺ 😐 ☹

4) Fehler finden beim Multiplizieren

a) Welche Fehler findest du? Kreise sie ein und rechne richtig.

5	7	0	·	2	3	8
	1	1	4	0		
		1	7	1	3	
			4	5	6	0
	1	2	5	6	9	0

b) Schreibe auf, was falsch gemacht wurde.

☺ 😐 ☹

5) Fehler finden beim Dividieren

a) Wo stecken die Fehler? Kreise sie ein und rechne richtig.

6	9	4	0	8	:	9	=	7	7	3
6	3									
	6	4								
	6	3								
		1	8							
		1	8							
			0							

b) Schreibe auf, was falsch gemacht wurde.

☺ das kann ich gut lösen 😐 das kann ich nur zum Teil lösen ☹ das kann ich noch gar nicht lösen

Wie ist mein Ergebnis?

☺ 😐 ☹

6) Rechtecke – Quadrate

a) Zeichne mit dem Geodreieck ein Rechteck mit einer Länge von 6,5 cm und einer Breite von 4 cm.

b) Zeichne in diese Figur eine Gerade, sodass ein Quadrat entsteht. Findest du mehrere Lösungen?

☺ 😐 ☹

7) Preistabelle

a) Fülle die Tabelle aus.

Gewicht	Preis
50 kg	
100 kg	
200 kg	101,20 €
250 kg	
	151,80 €
500 kg	
1 t	

b) Notiere, wie du den Preis für 500 kg berechnet hast.

☺ das kann ich gut lösen ☺ das kann ich nur zum Teil lösen ☹ das kann ich noch gar nicht lösen

Wie ist mein Ergebnis?

☺ 😐 ☹

8) Umfang und Fläche

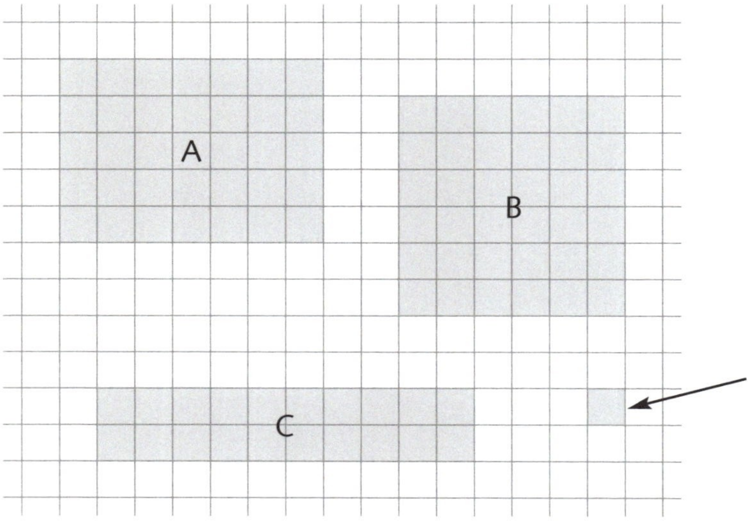

Eine Kästchenlänge entspricht einem Meter.

Ein Kästchen-Quadrat entspricht einem Meter-Quadrat.

a) Trage in die Tabelle ein.

Figur	Länge in m	Breite in m	Umfang in m	Fläche in Meter-Quadraten
A				
B				
C				

b) Was fällt dir auf? Notiere es.

______

______

☺ 😐 ☹

9) Kopfrechnen

$60 \cdot 800 =$ ______

$296 + 4 \cdot 5 =$ ______

$4\,200 : 70 =$ ______

$240 : (24 - 12) =$ ______

☺ das kann ich gut lösen 😐 das kann ich nur zum Teil lösen ☹ das kann ich noch gar nicht lösen

Wie ist mein Ergebnis?

☺ 😐 ☹

10) Parallel und senkrecht

a) Zeichne mit dem Geodreieck zwei gerade Linien, die parallel zueinander verlaufen. Der Abstand der Linien soll 4,5 cm betragen.

b) Zeichne mit dem Geodreieck eine gerade Linie, die die Parallelen senkrecht schneidet.

11) Überschlag

☺ 😐 ☹

Welche Aussagen über das Ergebnis der Aufgabe **394 · 207** sind richtig?

- ☐ Das Ergebnis ist größer als 10 000.
- ☐ Das Ergebnis liegt zwischen 70 000 und 100 000.
- ☐ Das Ergebnis ist kleiner als 70 000.
- ☐ Das Ergebnis hat an der Einerstelle eine 8.

☺ das kann ich gut lösen ☺ das kann ich nur zum Teil lösen ☹ das kann ich noch gar nicht lösen

Wie ist mein Ergebnis?

☺ 😐 ☹

12) Immer größer

Wie geht es weiter? Wie viele kleine Würfel benötigt man beim vierten Körper?

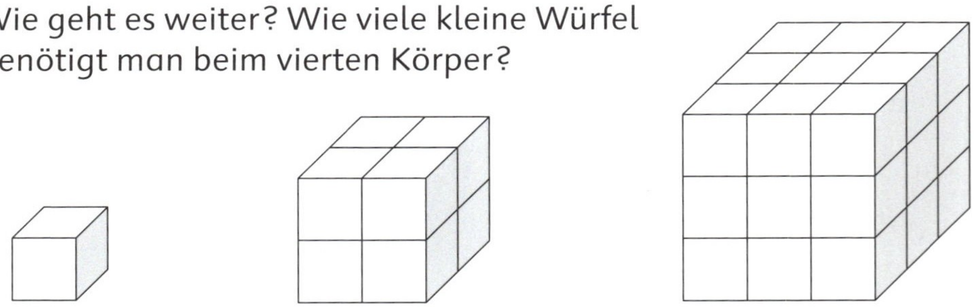

1. Körper 2. Körper 3. Körper

a) Trage die Anzahl der kleinen Würfel in die Tabelle ein.

1. Körper	2. Körper	3. Körper	4. Körper
1 kleiner Würfel	____ kleine Würfel	____ kleine Würfel	____ kleine Würfel

b) Für den 10. Körper braucht man ____ kleine Würfel.

c) Welche Aussage ist richtig?

- ☐ Wenn ich bei einem der Körper die Kantenlänge verdoppele, brauche ich **doppelt** so viele kleine Würfel wie vorher.
- ☐ Wenn ich bei einem der Körper die Kantenlänge verdoppele, brauche ich **viermal** so viele kleine Würfel wie vorher.
- ☐ Wenn ich bei einem der Körper die Kantenlänge verdoppele, brauche ich **achtmal** so viele kleine Würfel wie vorher.
- ☐ Wenn ich bei einem der Körper die Kantenlänge verdoppele, brauche ich **zehnmal** so viele kleine Würfel wie vorher.

☺ das kann ich gut lösen 😐 das kann ich nur zum Teil lösen ☹ das kann ich noch gar nicht lösen

Wie ist mein Ergebnis?

13) Größen

Rechne um.

3,7 km	=	____	m	$\frac{3}{4}$ kg	=	____	g
2,50 m	=	____	cm	200 ml	=	____	l
75 Cent	=	____	€	0,5 l	=	____	ml

14) So viele Zuschauer

Bei Heimspielen hatte der VFB Stuttgart im Gottlieb-Daimler-Stadion folgende Zuschauerzahlen.

a) Runde die Zuschauerzahlen auf volle Tausender.

VFB Stuttgart gegen	Zuschauer	gerundet auf Tausender
Bielefeld	35 125	35 000
Bremen	43 756	
Dortmund	54 267	
Freiburg	28 763	
Schalke	49 598	

b) Stelle die gerundeten Zuschauerzahlen in einem Streifendiagramm dar.

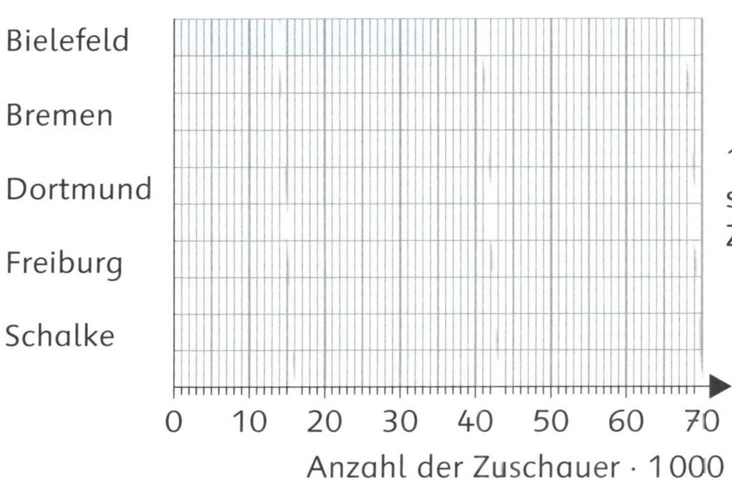

1 mm entspricht 1 000 Zuschauern.

Wie ist mein Ergebnis?

☺ 😐 ☹

15) Eine Reise durch Europa

Herr Frey hat mit seinem Wohnmobil eine längere Reise durch Europa gemacht.

Als er am 15. Juni losfuhr, stand der Kilometerzähler auf 98 456 km. Nach 20 Tagen war er von seiner Reise zurück. Auf dem Kilometerzähler konnte er 101 696 km ablesen.

Herr Frey hat auch notiert, dass er während seiner Reise mit dem Wohnmobil insgesamt ungefähr 60 Stunden gefahren ist.

Kreuze an, welche Fragen du beantworten kannst.

☐ Bei welchem Kilometerstand muss das Wohnmobil in die Werkstatt?

☐ Wann ist Herr Frey von seiner Reise zurückgekommen?

☐ Wie viele Kilometer fährt Herr Frey mit seinem Wohnmobil im Jahr?

☐ Wie viele Kilometer hat Herr Frey mit seinem Wohnmobil durchschnittlich in einer Stunde Fahrt zurückgelegt?

☺ das kann ich gut lösen 😐 das kann ich nur zum Teil lösen ☹ das kann ich noch gar nicht lösen

1) Zahlen bilden

4	7	8	3

Bilde mit den Ziffern vierstellige Zahlen, die größer als 7 500 sind. Schreibe alle Zahlen auf.

7 843, 7 834, 8 374, 8 347, 8 473, 8 437, 8 734, 8 743

2) Zahlenrätsel

a) Das Doppelte von 2 500 ist genauso groß wie die Hälfte von **10 000**.

b) Der Unterschied zwischen der kleinsten vierstelligen Zahl und der größten dreistelligen Zahl ist **1 000 – 999 = 1**.

c) Der Unterschied zwischen der größten vierstelligen Zahl und der größten dreistelligen Zahl ist **9 999 – 999 = 9 000**.

d) Welche Zahlen zwischen 40 000 und 60 000 haben an allen Stellen gleiche Ziffern?
Es sind die Zahlen **44 444, 55 555**.

3) Zahlen verändern

Lege zwei Plättchen an verschiedenen Stellen so hinzu, dass du

HT	ZT	T	H	Z	E
•••	••••••	••		•••	•

a) die größte Zahl: **472 031**,

b) die zweitgrößte Zahl: **463 031**,

c) die kleinste Zahl: **362 042**,

d) die zweitkleinste Zahl: **362 132** erhältst.

4) Fehler finden beim Multiplizieren

a) Welche Fehler findest du? Kreise sie ein und rechne richtig.

```
570 · 238          570 · 238
 1140               1140
  171(3)⁰            1710
   4560               4560
1(2)³56(9)⁶0       135660
```

b) Schreibe auf, was falsch gemacht wurde.

3 · 0 = 0, Folgefehler 0 + 6 = 6, Übertrag vergessen 1 + 1 + 1 = 3

5) Fehler finden beim Dividieren

a) Wo stecken die Fehler? Kreise sie ein und rechne richtig.

```
69403 : 9 = 77(3)¹2      69408 : 9 = 7712
63                       63
 64                       64
 63                       63
  1(8)⁰                    10
 (18)⁹                      9
   (0)¹8                    18
    18                      18
     0                       0
```

b) Schreibe auf, was falsch gemacht wurde.

falsche Ziffer heruntergezogen und Folgefehler

6) Rechtecke – Quadrate

a) Zeichne mit dem Geodreieck ein Rechteck mit einer Länge von 6,5 cm und einer Breite von 4 cm.

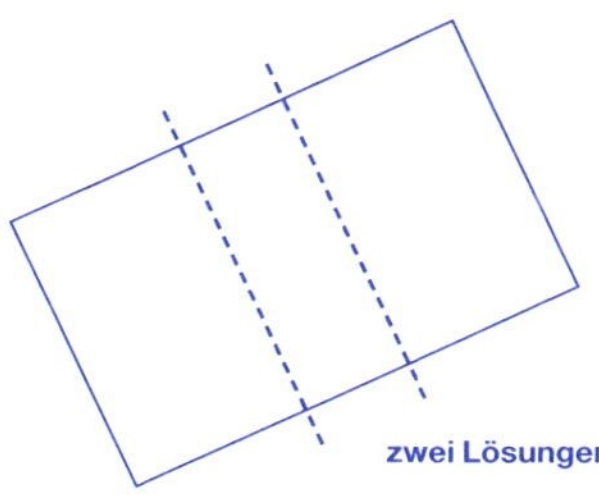

zwei Lösungen möglich

b) Zeichne in diese Figur eine Gerade, sodass ein Quadrat entsteht. Findest du mehrere Lösungen? **ja**

7) Preistabelle

a) Fülle die Tabelle aus.

Gewicht	Preis
50 kg	**25,30 €**
100 kg	**50,60 €**
200 kg	101,20 €
250 kg	**126,50 €**
300 kg	151,80 €
500 kg	**253,00 €**
1 t	**506,00 €**

b) Notiere, wie du den Preis für 500 kg berechnet hast. **z. B.:**

(101,20 € + 25,30 €) · 2; 25,30 € · 10 usw.

8) Umfang und Fläche

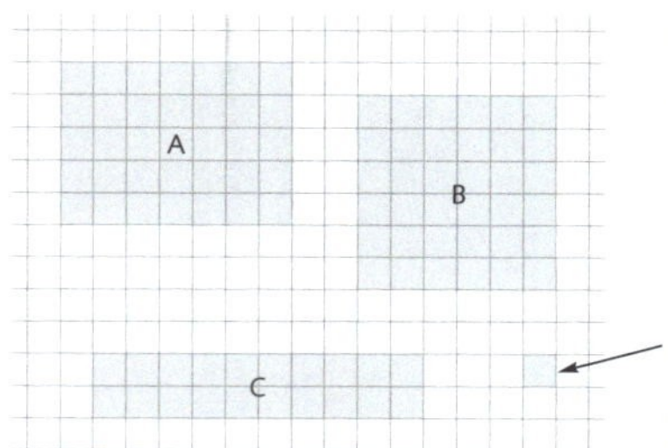

Eine Kästchenlänge entspricht einem Meter.

Ein Kästchen-Quadrat entspricht einem Meter-Quadrat.

a) Trage in die Tabelle ein.

Figur	Länge in m	Breite in m	Umfang in m	Fläche in Meter-Quadraten
A	**7 (5)**	**5 (7)**	**24**	**35**
B	**6**	**6**	**24**	**36**
C	**10 (2)**	**2 (10)**	**24**	**20**

b) Was fällt dir auf? Notiere es.

Umfang von A, B und C ist gleich groß. Figur B (Quadrat) hat bei gleichem Umfang den größten Flächeninhalt.

9) Kopfrechnen

60 · 800 = **48 000**

296 + 4 · 5 = **316**

4 200 : 70 = **60**

240 : (24 – 12) = **20**

10) Parallel und senkrecht

a) Zeichne mit dem Geodreieck zwei gerade Linien, die parallel zueinander verlaufen. Der Abstand der Linien soll 4,5 cm betragen.

Lösungsbeispiel:

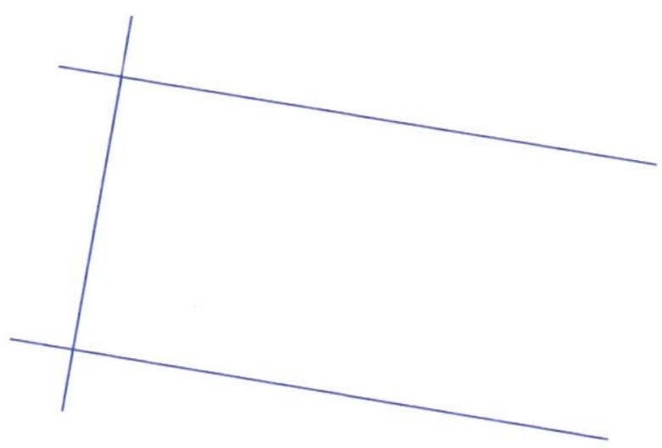

b) Zeichne mit dem Geodreieck eine gerade Linie, die die Parallelen senkrecht schneidet.

11) Überschlag

Welche Aussagen über das Ergebnis der Aufgabe **394 · 207** sind richtig?

- [X] Das Ergebnis ist größer als 10 000.
- [X] Das Ergebnis liegt zwischen 70 000 und 100 000.
- [ ] Das Ergebnis ist kleiner als 70 000.
- [X] Das Ergebnis hat an der Einerstelle eine 8.

12) Immer größer

Wie geht es weiter? Wie viele kleine Würfel benötigt man beim vierten Körper? **64**

1. Körper 2. Körper 3. Körper

a) Trage die Anzahl der kleinen Würfel in die Tabelle ein.

1. Körper	2. Körper	3. Körper	4. Körper
1 kleiner Würfel	**8** kleine Würfel	**27** kleine Würfel	**64** kleine Würfel

b) Für den 10. Körper braucht man **1 000** kleine Würfel.

c) Welche Aussage ist richtig?

- [ ] Wenn ich bei einem der Körper die Kantenlänge verdoppele, brauche ich **doppelt** so viele kleine Würfel wie vorher.
- [ ] Wenn ich bei einem der Körper die Kantenlänge verdoppele, brauche ich **viermal** so viele kleine Würfel wie vorher.
- [X] Wenn ich bei einem der Körper die Kantenlänge verdoppele, brauche ich **achtmal** so viele kleine Würfel wie vorher.
- [ ] Wenn ich bei einem der Körper die Kantenlänge verdoppele, brauche ich **zehnmal** so viele kleine Würfel wie vorher.

13) Größen

Rechne um.

3,7 km	=	**3 700** m	$\frac{3}{4}$ kg	=	**750** g
2,50 m	=	**250** cm	200 ml	=	**0,2** l
75 Cent	=	**0,75** €	0,5 l	=	**500** ml

14) So viele Zuschauer

Bei Heimspielen hatte der VFB Stuttgart im Gottlieb-Daimler-Stadion folgende Zuschauerzahlen.

a) Runde die Zuschauerzahlen auf volle Tausender.

VFB Stuttgart gegen	Zuschauer	gerundet auf Tausender
Bielefeld	35 125	35 000
Bremen	43 756	**44 000**
Dortmund	54 267	**54 000**
Freiburg	28 763	**29 000**
Schalke	49 598	**50 000**

b) Stelle die gerundeten Zuschauerzahlen in einem Streifendiagramm dar.

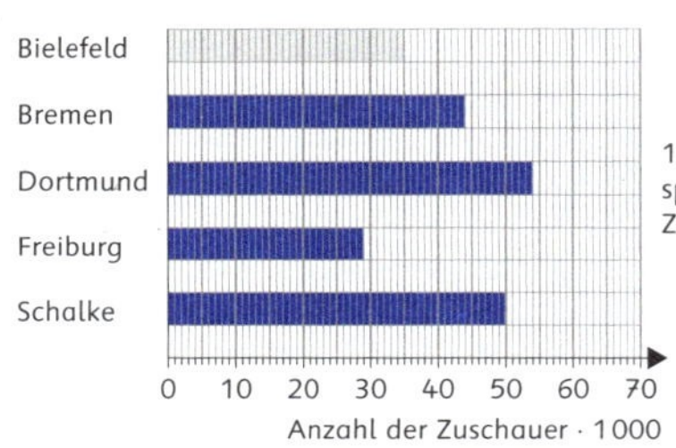

1 mm entspricht 1 000 Zuschauern.

15) Eine Reise durch Europa

Herr Frey hat mit seinem Wohnmobil eine längere Reise durch Europa gemacht.

Als er am 15. Juni losfuhr, stand der Kilometerzähler auf 98 456 km. Nach 20 Tagen war er von seiner Reise zurück. Auf dem Kilometerzähler konnte er 101 696 km ablesen.

Herr Frey hat auch notiert, dass er während seiner Reise mit dem Wohnmobil insgesamt ungefähr 60 Stunden gefahren ist.

Kreuze an, welche Fragen du beantworten kannst.

- [ ] Bei welchem Kilometerstand muss das Wohnmobil in die Werkstatt?
- [X] Wann ist Herr Frey von seiner Reise zurückgekommen?
- [ ] Wie viele Kilometer fährt Herr Frey mit seinem Wohnmobil im Jahr?
- [X] Wie viele Kilometer hat Herr Frey mit seinem Wohnmobil durchschnittlich in einer Stunde Fahrt zurückgelegt?

15. Juni + 15 Tage = 30. Juni
30. Juni + 5 Tage = 5. Juli

```
 101696     3240 : 60 = 54
− 98456     324
   3240     300
             240
             240
               0
```

Herr Frey ist am 5. Juli von seiner Reise zurückgekommen.

Er hat durchschnittlich 54 km in einer Stunde zurückgelegt.

Lernstandserhebung erarbeitet von Klaus Heinze
ISBN 978-3-06-080260-9